Linux 操作系统基础教程（第三版）

王良明 编著

清華大学出版社
北京

内容简介

本书是《Linux 操作系统基础教程》(ISBN 978-7-302-27238-0)的第三版。全书共 11 章,内容包括:Linux 系统概况;安装 Linux;用户、组和身份认证;文件系统;Vi/Vim;基本命令;远程控制;Linux 图形桌面系统;Linux 运维;编程基础;服务配置。作者采用举例法讲解命令,使读者可以轻松掌握常见命令的用法;操作系统兼顾发行版两大阵营的新版本(红帽 8.0 和 Ubuntu 18.04),使读者不局限于某个软件版本;介绍如何在 Linux 操作系统中用 C 语言和 Bash 进行编程开发,使得开发人员能快速将开发环境迁移至 Linux。

本书可作为高等学校电子、计算机、物联网等信息类相关专业 Linux 操作系统课程的教材,也可供 Linux 操作系统的学习者和爱好者参考。

图书在版编目(CIP)数据

Linux 操作系统基础教程/王良明编著. —3 版. —北京:清华大学出版社,2020.8(2021.2重印)
ISBN 978-7-302-55806-4

Ⅰ. ①L… Ⅱ. ①王… Ⅲ. ①Linux 操作系统—教材 Ⅳ. ①TP316.85

中国版本图书馆 CIP 数据核字(2020)第 110964 号

责任编辑:刘向威
封面设计:文　静
责任校对:胡伟民
责任印制:沈　露

出版发行:清华大学出版社
网　　址:http://www.tup.com.cn, http://www.wqbook.com
地　　址:北京清华大学学研大厦 A 座　　**邮　　编**:100084
社 总 机:010-62770175　　**邮　　购**:010-83470235
投稿与读者服务:010-62776969, c-service@tup.tsinghua.edu.cn
质量反馈:010-62772015, zhiliang@tup.tsinghua.edu.cn
课件下载:http://www.tup.com.cn,010-83470236
印 装 者:北京鑫海金澳胶印有限公司
经　　销:全国新华书店
开　　本:185mm×260mm　　**印　张**:13　　**字　　数**:320 千字
版　　次:2012 年 3 月第 1 版　2020 年 8 月第 3 版　　**印　　次**:2021 年 2 月第 3 次印刷
印　　数:4001～6000
定　　价:49.00 元

产品编号:086426-01

前　言

总有人问我这么几个问题：我会 Windows，为什么还要学 Linux？怎么学 Linux？

问为什么学 Linux 的人大都是个人用户，他们不是资深的 IT 后台管理员，他们使用计算机主要是面向桌面应用，在个人计算机（PC）、台式机或笔记本电脑上，安装 Windows 以满足日常办公、上网和娱乐的需要。从 2010 年起我们已经进入了云计算时代，桌面应用的硬件平台也发生了巨大变化。

主机位于云端，用户交互设备（键鼠/显示器/音响等）构成终端，两端通过网络相连，计算和交互分离，这就是云计算的本质。云端是 IT 后台应用，这里最适合采用 Linux，可用性远远超过了 Windows。终端主要是各种各样的嵌入式设备，这同样也是 Linux 的最佳应用场所，目前高达 70%的嵌入式设备（如智能手机、平板电脑、MP4、MP3、商务通等）都是采用 Linux 操作系统，家喻户晓的 Android 也采用 Linux 内核。因此，在云计算时代，普通用户根本不需要了解操作系统，只管运行自己感兴趣的应用程序即可，IT 从业人员逐步转向 Linux、分布式计算、并行计算、虚拟化、JavaScript/HTML5、基于 Linux 的嵌入式开发、安全、用户体验等领域。而 Linux 作为系统平台软件，学习掌握它，其重要性是不言而喻的。

那到底怎么才能学好 Linux 呢？作为一个在企事业单位从事 UNIX、Linux 工作 16 年，在高校教授 Linux 10 年，又一直研究分布式系统和算法，以及从事基于 Linux 的嵌入式产品研发的我，在此给出如下建议。

首先要从宏观上了解 Linux 的全貌——它的起源、现状和发展。这其实就是归结于哲学上的三大终极问题：我是谁？从哪里来？到哪里去？众所周知，要描述清楚一个事物，回答好这三个问题就够了。本书的第 1 章“Linux 系统概况”就是根据这个顺序进行阐述的。

其次是要掌握 Linux 各部分的原理。知其然，还要知其所以然。原理是相对稳定的，而基于原理之上的实现是经常变化的，但是万变不离其宗。原理学通了才能一通百通，而且又不用时时为跟上技术的变化而疲于奔命。我们都知道，计算机发展到今天，仍然遵循图灵机模型，这个基本的理论没有变化。本书第 2～10 章采用大量的图、表重点阐述分区、用户和组、文件系统、基本命令、Vi/Vim、文件共享和远程控制、Shell 编程以及 Linux 运维等，这些都是 Linux 系统管理员必须理解和掌握的知识点。

第三版在第二版的基础上做了如下改进：总结教学经验，对章节顺序进行调整，调整后的内容更符合循序渐进的学习原则，同时以最新的 Linux 发行版本（红帽 8.0、Ubuntu 18.04）为基础设计教学案例，第二版附录 B 被删除，最新版 Linux 发行版的防火墙采用了全新的 nftables，防火墙服务配置被完全重写。

本书作为 Linux 初级教程，本着“循序渐进，无师自通”的原则，在每一章的后面都列出了一些比较深入的相关知识点，给有兴趣的读者指明了学习方向，剩下的路还得靠你自己走。

当然实际操作对于学好 Linux 也是不可或缺的，操作训练能加深读者对原理的理解，同时能够帮助读者熟悉 Linux 操作。为此本书附录部分精心挑选了 8 个实训,当然想要熟练掌握 Linux,靠这 8 个实训还是远远不够的。

此书能够顺利完成和出版,我要特别感谢父母和恩师,他们开启了我的智慧之门。还要感谢家人,尤其是妻子和女儿。女儿懂事,很少让我操心,对我的写作女儿给予了我莫大的精神动力和鼓舞。最后还要感谢读者的热情反馈。

作 者

2019 年 9 月 20 日

目录

第1章 Linux系统概况

本章学习目标：

- 掌握内核版本知识
- 了解 Linux 内核和发行版的关系
- 了解开源协议

哲学上有三个终极问题“我是谁？从哪里来？到哪里去？”。要想讲清楚 Linux 系统，也得回答这三个问题。本章首先来回答这三个问题：即 Linux 到底是什么？Linux 是怎样产生的？Linux 的发展状况如何？

1.1 Linux 成长发展

如果只讲 Linux，那么就是指 Linux 内核，而我们具体安装和使用的是 Linux 发行版——例如红帽(Red Hat)、乌邦图(Ubuntu)等，关于 Linux 内核和发行版的关系在 1.2 节中会介绍。正如世界上的任何其他事物，Linux 的诞生是偶然的，发展却是必然的。

1.1.1 Linux 的诞生

1991 年 10 月 5 日，一名芬兰赫尔辛基大学计算机科学系二年级名叫 Linus Benedict Torvalds(简称 Linus Torvalds，翻译成中文为“李纳斯·托沃茨”，见图 1.1)的学生在 comp. os. minix 新闻组上发布消息，正式向外宣布 Linux 内核系统的诞生，同时把源代码放到了 nic. funet. fi 服务器的/pub/OS/Linux 目录下。当时谁也没有想到，他这么一“放”，从此改变了世界 IT 的格局，10 月 5 日也成了一个不平凡的日子，以后内核的新版本发布和红帽 Linux 新版本的推出大多数选择在这一天。

图 1.1 Linus Benedict Torvalds

知识小贴士：Linux 取名和小企鹅吉祥物的来历

Linus 为什么把这个新生操作系统命名为 Linux 并且选择小企鹅(见图 1.2)作为标志呢？刚开始的名字为 FreAX(意为怪物)，当他将 FreAX 上载到服务器上时，服务器管理员

图 1.2 Linus 标志

非常讨厌这个名称，认为既然是 Linus 的操作系统就取其名字的谐音 Linux 作为该操作系统的目录名称，于是 Linux 这个名称就开始流传下来。至于为什么选择可爱的小企鹅作为 Linux 标志，原因也很简单，那是 Linus 在南半球旅行途中抚摸一只企鹅时被啄了一口，这使得 Linus 对企鹅映象深刻。在给 Linux 系统选吉祥物时，Linus 很自然地想到了企鹅。

历史上的重大发明往往都是在前人技术的基础上向前推进的，Linux 也是 Linus 站在巨人肩膀上摘取的果实，而且这些“巨人”不但是 Linux 诞生的摇篮，更是它成长的基石。那么 Linux 的“巨人”到底是什么呢？要从以下五个方面说起。

1. UNIX

1969 年，UNIX 诞生于美国的贝尔实验室(向 K. Thompson 和 Dennis Ritchie 致敬，见图 1.3)，后来产生两大流派——AT&T 的 System V 流派和 Berkeley 分校的 BSD 流派，并衍生出许多发行版，例如 IBM 的 AIX，惠普的 HP-UX，Sun 公司的 Solaris，另外还有 SCO UNIX，Xenix，FreeBSD 等。不过时至今日，各个 UNIX 发行版命运迥异，AIX 主要运行在 IBM 机型上，而 HP-UX 主要运行在惠普机型上。但是因受到基于 x86 的 PC 服务器的冲击，这两个操作系统的应用面逐步缩小。Sun 公司被 Oracle 公司收购，Solaris 操作系统自然并入 Oracle 的产品线，Sun 公司曾经让 Solaris 支持 x86 计算机，但是为时已晚，x86 后台应用早已被 Linux 和 Windows 占领；可惜 SCO UNIX 和 XENIX，败倒在 Linux 之下，为 UNIX 版权之争，SCO 公司起诉 Novell，结果败诉，终因支付不起赔偿金而倒闭；FreeBSD 被认为是自由操作系统中的不知名的巨人，它的开发者都是技术偏执狂，一味追求代码的完美，几乎上升到了艺术层面，而对市场却不屑一顾。FreeBSD 被业界普遍认为是目前最好的操作系统——最稳定、最高效、最安全，更令人激动的是它遵循 BSD 协议，而这个协议规定任何人都可以免费下载、修改源码和使用，产品商甚至还可以把它集成到自己的产品当中而宣称拥有“自主知识产权”。

图 1.3 K. Thompson 和 Dennis Ritchie

2. MINIX

MINIX 是 UNIX 的一种克隆版本，由著名教授 Andrew S. Tanenbaum (见图 1.4)于 1987 年开发完成。MINIX 首次公开源代码，在大学内可以免费使用，从而在世界范围内掀起了一轮学习研究 UNIX 操作系统的热潮。作为一款 UNIX 的版本，MINIX 谈不上是一款优秀的操作系统，但是 Tanenbaum 教授开放 MINIX 源代码的举动却是空前的，要知道，在当时所有大公司开发的软件源代码都会被看成是企业的机密被小心保护着。由于 Linux 刚开始就是参照 MINIX 系统而开发的，Tanenbaum 也因此对 Linus 大加赞赏。

3. GNU 项目

GNU 项目(GNU 是 GNU's Not UNIX 的递归缩写，图 1.5 是项目标志)开始于 1984

年，项目发起人希望开发一个类似 UNIX 且是自由软件的完整操作系统，即 GNU 系统。自由软件基金会(the Free Software Foundation，FSF)成立于 1985 年，除了软件开发的工作，FSF 还极力保护和推广自由软件。GNU 和 FSF 都是由理查德·斯托曼(Richard M. Stallman，见图 1.6，图 1.7 为他 2000 年 5 月 28 日在武汉华中科技大学演讲后与师生的合影)一手创办的，后来他发布了著名的开源软件协议——GPL 协议。对于这个哈佛大学的高才生，我们除了崇敬还是崇敬，可以说 Stallman 是开源软件的奠基人！也是世界上写程序代码最多的人！

图 1.4 Andrew S. Tanenbaum

图 1.5 GNU 项目

图 1.6 Richard M. Stallman

图 1.7 Stallman 在华中科技大学演讲后的合影

在 GNU 项目的推动下，陆续诞生了许多著名的开源软件，其中 GCC 一直被公认是最好的编译器，Glibc 是最好的开发库，GDB 是最好的调试器，Emacs 是最好的编辑器……，登录 ftp://ftp.gnu.org/，就好像进入了软件的宝库，那里各种资源应有尽有。GNU 项目里的开源软件工具是 Linux 能够诞生的基础条件之一，而且是目前编译 Linux 内核、制作 Linux 发行版的必备工具，所以从这点上讲，Linux 更应该叫作 GNU/Linux，这也是业界的正统叫法。

4. POSIX 标准

POSIX 是 Portable Operating System Interface of UNIX 的缩写，意为"可移植的 UNIX 操作系统接口"，是 Stallman 应 IEEE 的要求而提议的一个易于记忆的名称。POSIX 标准的主要目的是规范应用程序接口(即 API)，从而使得在一个遵循 POSIX 标准的操作系统上开发的应用软件，能非常容易地移植到另一个遵循同样标准的操作系统上(甚至可以直接运行)。Linux 是一个符合 POSIX 标准的操作系统，所以大量原来运行在 Unix 上的应用程序都非常迅速地被移植到了 Linux 上，而数以万计的各种应用程序反过来又促进了

Linux 的进一步普及,从而形成一个良性循环。可惜的是 Windows 只是部分支持 POSIX 标准,所以把 Windows 上的应用程序移植到 Linux 上就困难得多,不完全支持 POSIX 是微软公司有意而为之的市场策略。Linux 的成长一直离不开 POSIX 标准的辅佐,如果没有 POSIX 相伴,可以说就没有今天的 Linux! 但是红帽 7.0 及以后版本和最新的 Ubuntu 版本采用新的技术替换了 Sys V init,因此不再严格遵循 POSIX 标准了。

5. Internet

如果没有 Internet,那么遍布世界各地的无数的编程高手就无法协同工作,同样也不会形成今天这样如此庞大的用户群,由此导致的直接后果就是 Linux 最多只能发展到 0.13(0.95)版的水平,众所周知,这是一个只可用作学习而无任何实际用途的版本! 我们同样要对万维网发明者,即英国科学家蒂姆·伯纳斯·李(Tim Berners-Lee)教授致以崇高的敬意。

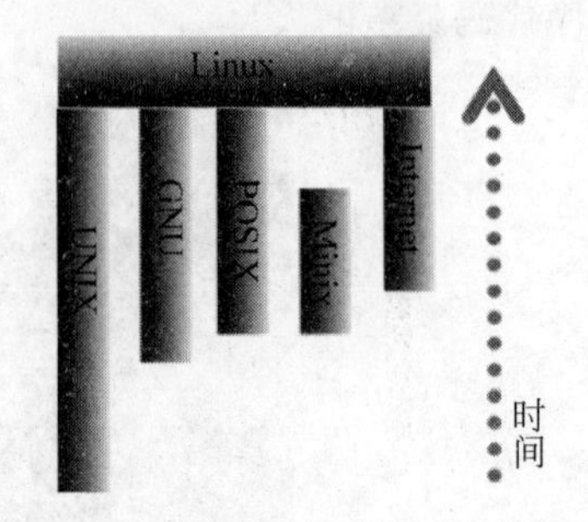

图 1.8 Linux 诞生和成长的基础

最后用图 1.8 来总结一下。

1.1.2 Linux 的成长

如图 1.9 所示,从 1991 年诞生到 2020 年,Linux 内核已经整整走过了 29 个春秋,在 20 周年纪念日,内核 3.0 发布,结束了 2.6 版本长达 8 年的生长期,从而迈上了一个新的台阶。

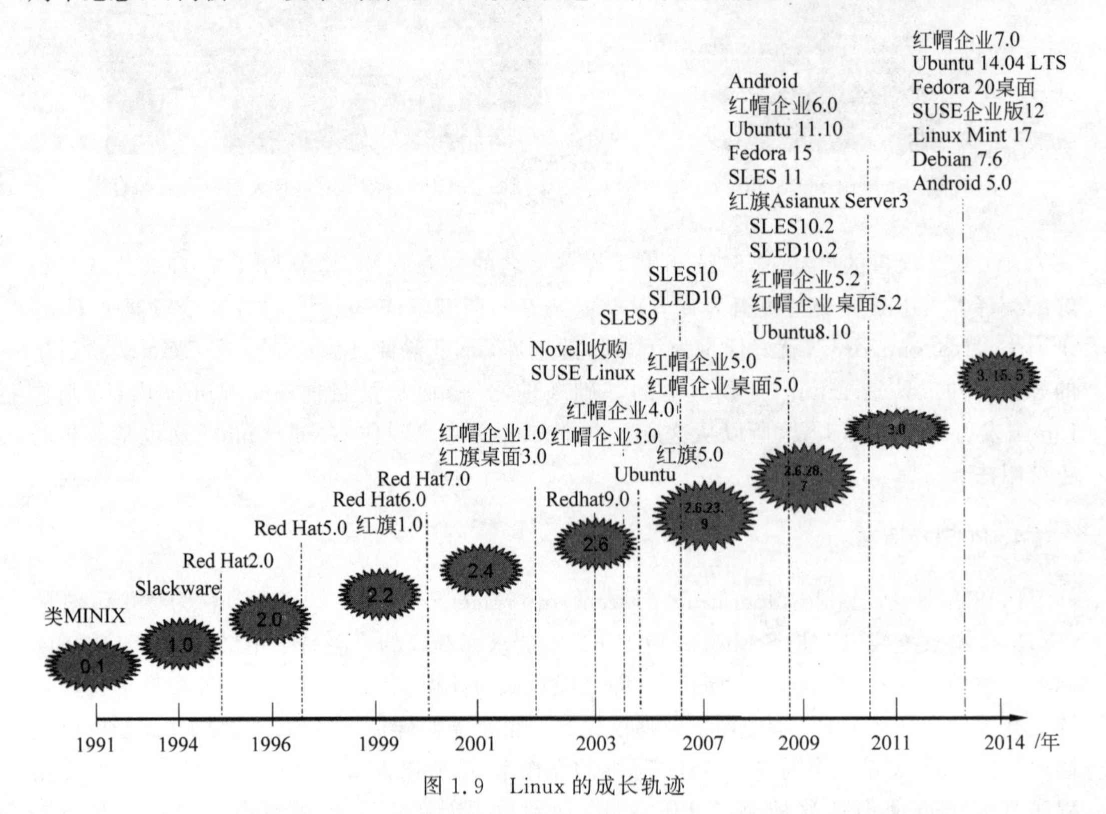

图 1.9 Linux 的成长轨迹

从图上还可以看出中国的红旗 Linux 不存在了，在 2013 年退出了历史舞台，其他存活的 Linux 发行版都是基于 3.0 以上内核的。从版本 3.15.5 开始加入了更多的云计算元素，例如虚拟机 KVM。2015 年 4 月推出 4.0 版本，2019 年 3 月推出了 5.0 版本，目前最新的稳定版是 5.2.6。今天的 Linux 内核源代码（头文件/C 文件/汇编文件）已经突破 1700 万行，市值估价超过 200 亿美元，保守计算，平均一行代码值至少值 1000 美元，随着时间的推移，价值必将进一步提高。表 1.1 是对最新版本的 Linux 内核的统计信息。

表 1.1　内核 5.2.6 源代码统计

1	打包压缩后大小(linux-5.2.6.tar.xz)	104MB
2	解压解包后大小	946MB
3	源代码文件个数(C\汇编\头文件)	48137(27176\1334\19627)
4	源代码行数(只统计 C,汇编,头文件)	24179870

Linux 内核代码代表了业界的最高编程水平，对代码执行的时间和空间的追求近乎是苛刻的，这种事情也只有程序开发天才才能做出来，而且他们没有回报，可以说写内核代码是天才程序员的享受。Linux 内核数千万行的代码贡献者主要来自企业、高校和个人。

伴随着内核的成长，各种 Linux 发行版如雨后春笋般涌现，时至今日，已有一百多个发行版本（各个版本的受欢迎程度排名可参考网站 http://distrowatch.com），由 Linux 带动的不计其数的开源软件更是琳琅满目（仅 http://sourceforge.net 上收集的开源软件数量就达十几万）。纵观 Linux 二十多年的发展历史，里程碑的事件有：

(1) Linux 诞生。1991 年诞生了一个伟大的“生命”，我们同样要记住伟大的 Linus 先生，当然还有许许多多的幕后英雄们。

(2) Slackware 诞生。Slackware 是第一个 Linux 发行版搭载着 Linux 内核 1.0 版，Slackware 使得 Linux 从此走出象牙塔，进入寻常百姓之家——人们第一次可以在自己的计算机上安装使用 Linux 了。

(3) 内核 2.4 版发布。该版本具有许多“企业级”的特征，基于 2.4 内核的 Linux 发行版打开了通往企业应用的大门，从此企业后台机房的服务器屏幕上出现越来越多可爱的小企鹅，那个完美的一闪一闪的光标背后不一定是 UNIX，有可能是 Linux。

(4) Red Hat 9.0 发布。2003 年红帽推出了 Red Hat 9.0，此后 Linux 才家喻户晓。可以这么说，当时绝大多数的人是通过 Red Hat 9.0 才迈进了 Linux 的自由殿堂，这其中就包括我本人，而且从此我就迷恋上了 Linux，于是一发而不可收拾。直到今天，还有很多人以 Red Hat 9.0 作为嵌入式开发的平台。

(5) 内核 2.6 版发布。如果说 2.4 开启了企业应用之门，那么 2.6 版本就是一方面向企业高端应用蔓延（O(1)调度器、内核抢占模式、虚拟内存的反向映射特性和统一的设备模型等无一不是一道道破解企业关键应用的魔咒）；另一方面进一步侵入嵌入式应用领域，添加了许多新的体系结构和处理器类型。

(6) Ubuntu 发行版发布。高举永远免费的大旗和每半年推出一个新版本的许诺，马克·沙特尔沃思(Mark Shuttleworth)携 Ubuntu 一路攻城略地，桌面版立马赶超昔日老大红帽，后又推出服务器版，再次让一些老牌 Linux 发行企业胆战心惊。Ubuntu 降低了学习和使用 Linux 的门槛，使得高效、稳定、无毒的 Linux 快速步入家庭和个人用户市场。

(7) Google公司收购Android。Google公司在2005年收购Android,经过多年的开发和测试,于2010年迅速普及开来,目前在移动智能设备市场上占据60%的份额。Android的核心是Linux,在内核之上加盖了一个抽象层,从而隔离了来自Linux内核的GPL协议的“传染”,这样在Android上开发的应用程序可以闭源,可以收费,因此一下子就激发了全世界千千万万的软件开发者的兴趣,时至今日,基于Android的移动应用软件已达数十万之多。

(8) IBM公司收购红帽。IBM公司在2018年以340亿美元收购红帽公司。

1.1.3 Linux的发展

2010年进入了一个新的时代——云计算!主机位于云端,云端具有丰富的计算和存储资源,I/O设备构成了终端,终端接收用户的输入,并展示结果。不管是云端还是终端,都是Linux最合适的应用领域。是的,Linux生来就是用来做集群计算和嵌入式应用的,在已经到来的后PC时代,Linux必将大放异彩!

后PC时代,操作系统将和硬件捆绑在一起,形成半固化的计算机,用户购买这样的计算机之后开机就可以使用、在线安装软件和升级操作系统,就像今天的苹果平板计算机那样,有谁还要去破解那个晦涩难懂的苹果操作系统吗?

1.2 内核版本与开源协议

1.2.1 内核版本

内核版本是由Linux内核社区统一编码和发布的,其格式如图1.10所示。

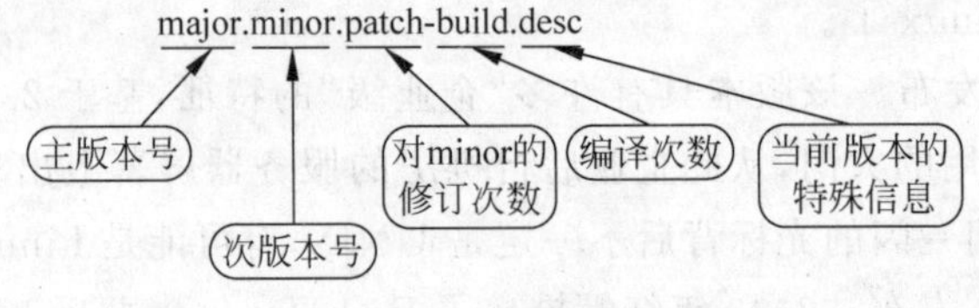

图1.10 内核版本格式

在安装了Linux的计算机上,我们通过命令uname-r可以查看内核的版本号,例如下面的版本号:

4.18.0-15-generic

表示主版本号是4,次版本号是18,修订次数为0,编译次数15,特殊信息generic表明这是一个通用的Linux内核。

当有大的结构性变化时,递增主版本号(major),到目前主版本号变化过5次,分别是0→1→2→3→4→5,但是2→3的变化,内核结构并没有发生大变化,Linux发布3.0只是为了纪念Linux已经走过了20个年头。新增明显功能时递增次版本号(minor),次版本号有奇数和偶数之分,奇数表示开发版,偶数表示稳定版,开发版到稳定版的变换参见图1.11。每次对内核修订一次或打一次补丁就递增版本号中的patch域。当对少量代码做了优化或者修改，并重新编译一次，那么就递增版本号中的 build 域。在编译内核时可以指定一个内核的简单描述，这个简单描述最终构成了版本号中的 desc 域，开发员一般习惯采用一些具有实际意义的缩略字符串来描述当前内核的关键特征，如表 1.2 所示。

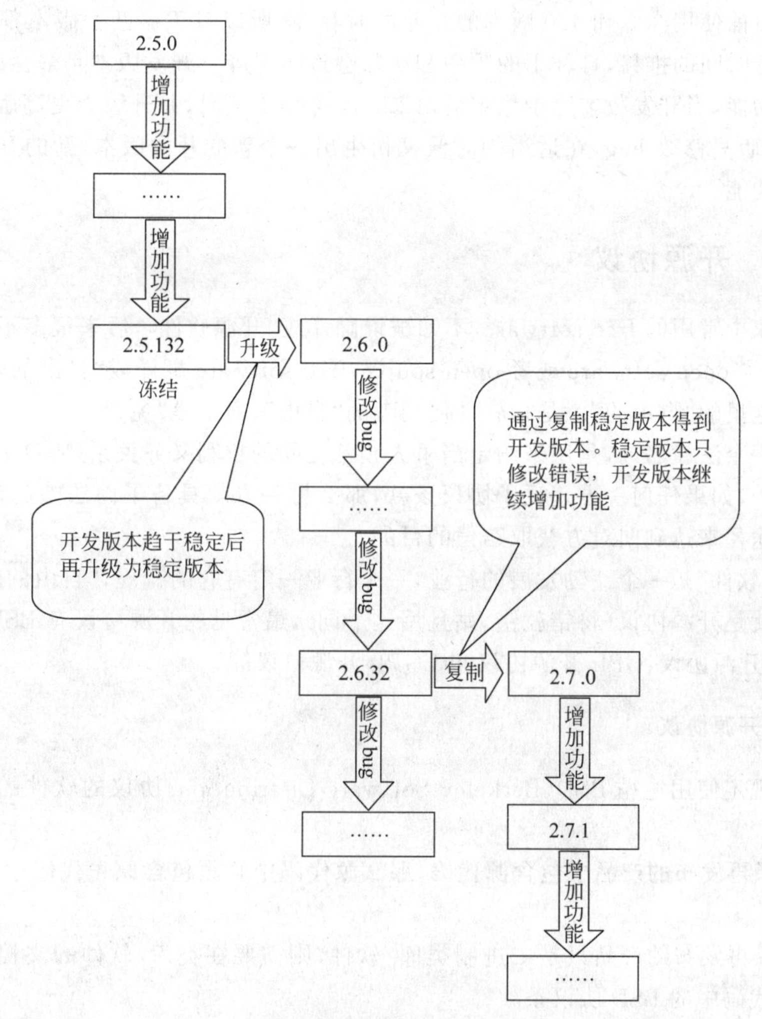

图 1.11　内核版本变换

表 1.2　常用的内核版本 desc 域

序　号	desc 域	含　义
1	rc	(有时也用一个字母 r)表示候选版本(Realease Candidate)，rc 后的数字表示该正式版本的第一个候选版本，各候选版本之间多数情况下数字越大越接近正式版
2	smp	表示对称多处理器(Symmetric Multiprocessing)
3	pp	在 Red Hat Linux 中常用来表示测试版本(pre-patch)
4	EL	在 Red Hat Linux 中常用来表示企业版 Linux(Enterprise Linux)
5	fc	在 Red Hat Linux 中表示 Fedora Core

由图 1.11 可知，同时有两类版本处于活跃阶段，一类是稳定版，另一类是开发版，稳定版正在被企业和个人使用，但是在使用过程中发现的 bug 需要提交内核社区，由内核社区修补 bug 并发布补丁，但不增加新功能。不同的用户可能正在使用不同的稳定版内核，例如可以肯定目前使用 3.0 和 4.0 版本的企业同时存在，所以对于这两个版本都需要继续维护，当然，随着时间的推移，打补丁的频率和次数会逐步下降。开发版本是最活跃的，会不断地增加新的功能，当开发版本趋于稳定后由 Linux 冻结源代码，并升级为更高版本号的稳定版，新的稳定版只修改 bug，在适当的时候又衍生出一个新的开发版本，新的开发版本又不断增加新的功能。

1.2.2 开源协议

英语国家中常用的 free software，不知被谁翻译成"开源软件"，后来很多不知底细的人反译回去，成了 open software 或者 open source，free software 翻译成"自由的软件"其实是很贴切的。这里的"自由的"就是指软件使用者的"自由"，而不是"免费"。

协议是一个法律名词，是用来约定当事人相互之间的权利义务关系，协议一旦确立就受到法律的保护，如果任何一方违反了协议条款，那么另一方就具备了向法院起诉的权利，从而通过法律途径来达到向对方获取赔偿的目的。

"自由的软件"是一个蓬勃发展的行业，一个行业一定有它的行规，"自由的软件"这个行业中的行规就是开源协议(将错就错，姑且用这个词)，最常见的开源协议有 BSD 开源协议、Apache 许可开源协议、GPL 开源协议和 LGPL 开源协议等。

1. BSD 开源协议

该协议规定使用遵循 BSD(Berkeley Software Distribution)协议的软件的用户必须同意以下三点：

(1) 如果再发布的产品中包含源代码，那么源代码中必须包含原先代码中的 BSD 协议条款。

(2) 如果再发布的产品只是二进制类库/软件，则需要在类库/软件的文档和版权声明中包含原先代码中的 BSD 协议条款。

(3) 不可以用开源代码的作者或者机构名字以及原来产品的名字做市场推广。

用通俗的话说就是用户可以自由使用、修改和再发布符合 BSD 开源协议的软件，但不能宣称拥有自主知识产权。国内很多硬件厂商习惯采用并订制 FreeBSD 操作系统(遵循 BSD 协议)，然后集成到自己的硬件产品中(例如路由器、防火墙等)销售，不公开自己修改的源代码是不违法的。

2. Apache 许可开源协议

这是著名的非盈利开源组织 Apache 采用的协议，该协议和 BSD 类似，这里不做特别说明。非盈利开源组织 Apache 发布的软件都遵循 Apache 许可开源协议，比较著名的有 Apache、Firefox、Tomcat 等。

3. GPL 开源协议

大名鼎鼎的 Linux 就是遵循 GPL(GNU General Public License)开源协议的。GPL 不同于 BSD 和 Apache 许可开源协议,主要的区别是个人或者组织再发布遵循 GPL 开源协议的软件时不能作为闭源的商业软件,且自动继承原先作者的 GPL 协议条款,而 BSD 和 Apache 许可开源协议只是强调保护原始作者的版权,但是可以作为闭源的商业软件再发布。所以说 GPL 协议具有"条款传染性"和"不允许闭源的商业发布"两个关键特征。GNU 旗下的软件都遵循 GPL 协议。另外 GPL 还规定"即使只调用了 GPL 类库的软件产品也必须使用 GPL 协议",因为 Linux 上最流行的类库 Glibc 遵循 GPL 开源协议,所以只要在 Linux 上开发和编译的软件,几乎不可避免地要使用到这个类库,结果就是很难找到在 Linux 操作系统上运行的闭源商业软件。这就导致 Windows 上运行的一些优秀软件(如 Photoshop、Micromedia 建网套件、Acrobat 和游戏等)都没有相应的 Linux 版本,不是这些软件公司不为之,而是 GPL 开源协议不"让"其为之,这不能不说是一大憾事! Android 是在 Linux 内核之上加了一层隔离层后推出的 Linux 发行版,在 Android 上开发的应用程序通过隔离层再去访问内核和硬件,所以这些应用软件可以不开源,相比于原生的 Linux, Android 的整体性能受到一定影响。

4. LGPL 开源协议

针对 GPL 开源协议规定"调用 GPL 类库也必须以 GPL 协议开源"的弊端,推出了 LGPL 开源协议,该协议允许商业软件通过类库引用方式使用 LGPL 类库,而不需要开源商业软件的源代码,注意这里的"引用"二字的含义,最明显的一个例子是程序在执行时引用动态库。众所周知,程序编译有两种方式:动态编译和静态编译,动态编译的程序在执行时一定要动态库的配合,而静态编译就不要。但现在的问题是 Glibc 标准库(里面包含了动态库和编译库)遵循的是 GPL 协议,而不是 LGPL 协议,所以 LGPL 开源协议的影响力就大打折扣。如果你的应用软件直接调用 Linux 内核的系统函数(如 read()、write()等),那么是不用开源的。

总结上述四种主要的开源协议,用一句通俗的话概括就是:自由使用、无限修改和再次发布,但是版权有主(即版权归原作者所有)。

1.3 Linux 的应用场合

Linux 的应用场合主要包括后台、前台(桌面)和嵌入式三个方面,如图 1.12 所示。

Linux 最擅长的领域是后台和嵌入式领域,而桌面应用目前差不多被 Windows 垄断。尽管 Linux 的桌面比 Windows 还做得华丽,但就是缺少常用办公和图像处理软件,所以很难获得更大的桌面应用市场,但可以肯定的是固定的单机桌面应用市场将逐步萎缩,取而代之的是可漫游的移动桌面。而我们更应该注重发挥 Linux 的优势,进一步扩大和巩固后台和嵌入式应用市场,云计算时代给 Linux 创造了前所未有的机遇——云计算的两端(云端和终端)就好像是专门给 Linux 量身定做的。"利用我的优势解决您的难题"不光是创业的哲学,也是推广 Linux 的哲学。

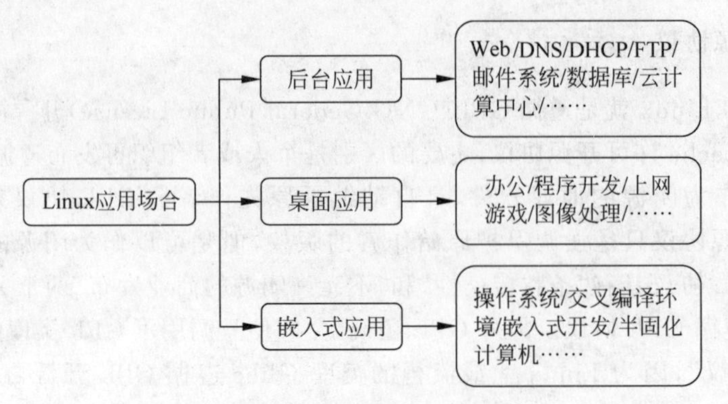

图 1.12 Linux 的应用场合

1.4 Linux 发行版和开源社区

1.4.1 Linux 发行版

Linux 发行版是指一些企业采用某种方法把 Linux 内核、glibc 库、硬件驱动模块以及各种应用软件打包集成在一起(见图 1.13),以光盘或者镜像文件的形式交付给用户安装使用。用户获取安装源后就可以安装和使用 Linux 了。其实参照 Linuxfromscratch 网站(http://www. linuxfromscratch. org/),制作自己的 Linux 发行版是一件不难的事情,这个网站上有专门教我们如何制作 Linux 发行版的书籍下载,最新的版本是 8.4,采用 4.20.12 内核版本。建议读者在学完本教材后挑战一下自我,参考这本书制作一款属于自己的 Linux 发行版,不管最终结果如何,仅仅制作的过程就会让你受益颇多。从收费模式上看,目前 Linux 发行版可分成两大类,服务收费版和社区免费版,不管哪一类的最新版都包含很多云计算的特征。

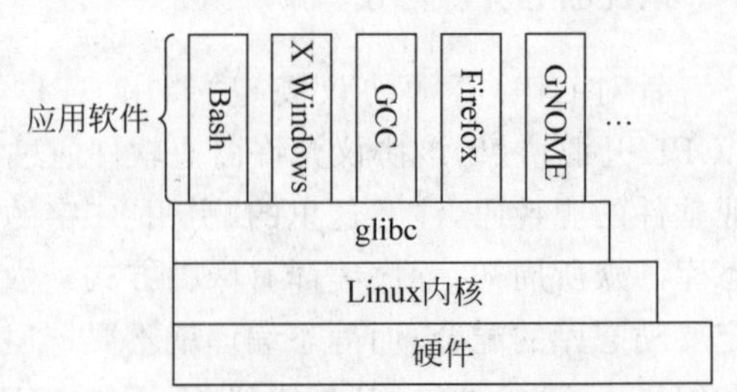

图 1.13 Linux 发行版的体系结构

第一类是服务收费版,以 IBM(收购红帽)、SURE 为代表,这些企业制作的 Linux 发行版源代码可以自由下载、编译、修改和使用。但是能直接安装的光盘要收费,而且费用不低,红帽采取年订阅收费模式,一年一台计算机(2 路 CPU)标准订阅费 5000 元以上,白金订阅费 8000 元以上。

第二类是社区免费版,包括以 Ubuntu、Fedora、OpenSUSE、CentOS、Debian 为代表的近百个版本,其中 Ubuntu 用户还可以取得免费的人工服务。这几个社区免费版聚集了大量的人气,这些社区的志愿者几乎是有问必答,能解决使用过程中绝大多数的问题。Fedora 是红帽支持的桌面社区版,OpenSUSE 是 SUSE 的社区版,2014 年 CentOS 被红帽收购后作为企业社区版本(后来红帽被 IBM 收购),把它置于与 Fedora 同等的地位是红帽的高明手法,人们首先就会想到社区版可能不稳定,不敢用于企业的关键应用。Debian 是一个适合于生产环境中使用的 Linux 操作系统，稳定可靠。CentOS 和 Debian 主要应用于后台，而其他的社区免费版主要应用于前台和嵌入式开发领域。不过 Debian 在树莓派上使用也很广泛。

按软件包管理方法的不同，目前的发行版可以分为两大阵营。

第一个是以红帽为首的基于 rpm 包管理的阵营（包括 SLES，Fedora，OpenSUSE、CentOS、RHEL、Mandrake 等），包文件以 rpm 为扩展名。

另一个是以 Ubuntu 为首的基于 DPKG 包管理的阵营（包括 Ubuntu 系列、Debian 等），包文件以 deb 为扩展名。

这两大阵营的 Linux 在安装和卸载软件方面存在很大差异，并且软件包互不兼容，例如能安装在 Ubuntu 上的软件包不能安装在红帽 Linux 上。所以应用软件公司一般既提供 deb 格式的安装包，也提供 rpm 格式的安装包，即相同的软件被做成不同格式的安装包。除了软件安装和卸载存在差异外，其他方面几乎都一样。

表 1.3 列举了一些目前最流行的 Linux 发行版。

表 1.3　目前比较有名的 Linux 发行版

序号	发行组织	发行版本	说　明
1	红帽	RHEL 8.0	6.0 版以前分为服务器版和桌面版，6.0 版本之后合并为一种安装光盘。红帽采用年订阅的收费形式获取其官方的服务（包括人工服务和补丁获取）。一台计算机一年的标准订阅费大概为 5000 元人民币。对于财务成本控制比较紧张的个人和组织，建议采用近似红帽的克隆版 CentOS 或者 Debian。借鉴 SUSE 的 YaST 管理工具，红帽也推出了自己的服务器管理工具 OpenLMI
2	SUSE	SLES 15	SUSE 几经易手，现在又成为一家独立的公司。SLES 也是采用类似红帽的软件包管理方法和订阅收费形式，不过它的 YaST 菜单管理工具是一个亮点。命令行 zypper 软件管理工具也是一大亮点
3	FreeBSD 基金会	FreeBSD 12	FreeBSD 由一群技术狂人开发，他们不在乎市场，一味把技术做到极致。它是最安全、效率最高、最稳定的免费操作系统，而且遵循 BSD 开源协议。如果你对自己的应用视如生命般重要，或者要集成到你的产品里销售，那么选择 FreeBSD 没错了。严格来讲，FreeBSD 不属于 Linux 发行版，因为它没有采用 Linux 内核，它自成体系
4	Canonical	Ubuntu 19.04	绝对是后起之秀，永远免费，每半年出一个新版本。社区人气极旺，目前既有服务器版，也有桌面版。桌面版排名靠前。Ubuntu 采用 Debian 的 DPKG 包管理方式，有成千上万的在线软件，安装非常方便。更吸引人的地方是所有的软件都有对应的源码包，下载、修改、编译源码非常方便。但是根文件系统的目录结构不完全遵循 FHS（Filesystem Hierarchy Standard）标准，而且总是变来变去，这一点很不好。由于安装源里的软件往往是最新版本的软件，新版本软件包含的 bug 也比较多，所以对于关键的企业后台应用，建议不采用新版本的 Ubuntu。注意版本号为偶数的表示长期支持版，建议使用偶数版本的 Ubuntu

续表

序号	发行组织	发行版本	说　明
5	CentOS社区	CentOS 8.0	红帽公司资助的企业社区版,自从被红帽收购后,它就成了红帽发行版的试验田。红帽收购它目的是削弱其影响,多年来CentOS对RHEL的市场侵袭使得红帽忍无可忍。收购它并让它消失很可能是红帽公司的如意算盘,结果可能是这样:部分用户转向付费RHEL,部分用户转移到Ubuntu,还有部分用户转移到Debian或者其他发行版,甚至又出现一个新的CentOS社区版
6	Fedora社区	Fedora 30	是红帽支持的社区版,针对工作站和服务器分别发行Workstation和Server版本,让社区做开发和实验的"白老鼠",表现出了红帽人的智慧。主要用于桌面应用,个人用户居多
7	Debian社区	Debian 10	一个非常棒的面向后台应用的服务器版,安全、稳定、高效。上面讲到的Ubuntu就是以它为基础发展起来的。具有丰富的在线软件安装源,软件包管理非常方便。基于Debian衍生出来的操作系统有几十个
8	OpenSUSE社区	OpenSUSE 15	由SUSE支持的社区版本,具体分为滚动升级版(Tumbleweed)和定期发行版(Leap)两个版本,前者时刻保持最新的各种开源软件,后者一年一个版本,显然生产环境中应采用Leap版本。Tumbleweed主要用于桌面应用,个人用户居多。OpenSUSE是最早支持3D桌面的Linux发行版,那时确实积攒了不少的人气

图1.13右侧呈阶梯状,表明上层可以跳级访问下层,例如Glibc库可以直接访问硬件,应用程序可以直接访问Linux内核,还可以直接访问硬件。在一般情况下是访问直接下层的,而跨级访问编程难度很大,而且有时受到权限限制。

1.4.2 开源社区

开源社区是一个温馨可爱的名字,在这里会感到无比的自由、温暖、和谐,这里的人充满着友善、热心,每个人都笑容可掬、乐于助人,在这里诞生并哺育了伟大的Linux和千千万万的优秀开源软件,在这里许许多多的疑难杂症得到解答。表1.4列举了比较好的国内外开源社区。

国内社区办得不尽如人意,建议读者经常去国外社区逛逛,当然英语水平不能太差。howtoforge社区收集了一些牛人写的方案文档,值得借鉴;tldp社区里的文档应有尽有,应常去逛逛;sourceforge就是大名鼎鼎的开源软件库,收集了十几万个开源软件,琳琅满目;linuxtoday和linuxworld两个社区正如其名,最新的开源信息首先出现在这里,然后才慢慢被其他网站转载;distrowatch是一个Linux发行版评测网站,这里列出了排名前100位的发行版及相关信息;linuxfromscratch社区有点意思,正如其名"从零开始制作Linux发行版",这里只出版书籍,详细描述了从源代码开始如何一步一步制作Linux发行版;kernel社区就是Linux内核的老巢了,在这里可以下载各种版本的Linux内核源代码。linaro社区专门移植和推广ARM上的开源软件,包括Linux内核、数据库、图形软件等。

表 1.4 比较好的国内外开源社区

序号	国内社区	序号	国外社区
1	Linux 时代：www.chinaunix.net	9	http://www.howtoforge.com
2	Lupa 开源社区：www.lupaworld.com	10	http://tldp.org
3	Linux 公社：https://www.linuxfans.org	11	http://sourceforge.net
4	红联网：www.linuxdiyf.com	12	http://www.linuxtoday.com
5	开源中国社区：http://oss.org.cn/	13	http://www.linuxworld.com
6	开源视窗：http://www.oseye.net/	14	http://distrowatch.com
7	Linux 中国：https://linux.cn/m	15	http://www.linux.co
8	Linux 先生：http://www.linuxsir.org	16	http://www.linuxfromscratch.org/
		17	http://www.rpmfind.net
		18	http://www.kernel.org/

1.5 知识拓展与作业

1.5.1 知识拓展

本章的知识拓展点有以下几方面。

(1) Linux 的起源。

请参考赵炯写的文章《Linux 诞生和发展的五个重要支柱》，里面详细回顾了 Linux 诞生的过程。从网上搜索或者直接从我的博客下载即可得到。

(2) 开源协议(BSD，Apache，GPL v1，GPL v2，GPL v3，LGPL)的具体条款。

(3) 制作自己的 Linux 发行版。

浏览 linuxfromscratch 社区(http://www.linuxfromscratch.org/)提供的如下一些书籍：LFS(最主要的一本基础书籍，讲述如何制作一个基本的 Linux 系统)、BLFS(在 LFS 的基础上进一步完善 Linux 系统)、ALFS(自动构建工具)、CLFS(制作交叉 Linux 系统，例如嵌入式 Linux 系统)等。

(4) Linux 内核知识。

从 http://www.kernel.org/下载一个最新版内核源码，然后解包后进入 Documentation 目录，这里有大量的关于内核方面的文档资料。

1.5.2 作业

(1) Linux 诞生的五大“巨人”是什么，并简要描述之。

(2) Linux 内核版本号的格式和版本号变化规律是什么，并举例说明。

(3) 什么是 Linux 发行版，它与 Linux 内核有什么关系？

第2章 安装Linux

本章学习目标：

- 掌握硬盘分区与分区命名
- 了解常见 Linux 发行版的安装方法
- 掌握最基本的管理(开机、关机和登录)

目前的计算机配置都能安装当下流行的 Linux 发行版，需要硬盘具有 5GB 左右的剩余空间。Linux 不像 Windows 那么消耗资源，128MB 的物理内存就能让任何一款 Linux 发行版运行起来，当然我们也可以采用虚拟机来安装 Linux。本章只讲述安装方面的一般性原理，具体的安装步骤参见本书的“附录 B：安装 Linux 实训”。

2.1 安装系统

从现在开始你要抛弃 Windows 那样的分区命名规则，什么 C 盘、D 盘、E 盘等，在 Linux 下只有根分区、交换分区和其他分区(例如数据分区、日志分区等，具体名字可以自由定义)，而且一切皆文件，也就是说分区都是用文件来表示的。

2.1.1 分区和分区命名

1. 硬盘的磁道与扇区

由图 2.1 可知，几块磁碟串联在一起并固定在主轴上，马达通过主轴带动磁碟高速旋转，旋转速度用一分钟转多少圈来表示，例如 7200rpm 表示每分钟转 7200 圈，这也是目前绝大多数台式机硬盘的转速，移动硬盘和中低档笔记本电脑的硬盘转速一般是 5400rpm，转速是一个影响硬盘速度的关键指标。需要注意的是，只要计算机一开机，磁碟就在高速旋转。每一块磁碟都有两面，每面有一个磁头，磁头从上向下依次称为 0 磁头、1 磁头、2 磁头等，所有磁头固定在磁头臂上，音圈马达通过磁头臂带动所有磁头做短弧线运动——从磁碟片的最里圈到最外圈或相反。这样磁头的移动加上磁碟的旋转，磁头就可以访问到碟片上的任何一个点了。

再来看图 2.2，在磁碟的每一面上划分有大小不一的同心圆，这就是磁道(Header)，全部磁碟面上具有相同半径的磁道构成一个柱面(Cylinder)，柱面从外向里依次称为 0 柱面、1 柱面、2 柱面……。最后把磁道划分为许多小弧段，这些弧段就是扇区(Sector)，扇区依次称为1扇区、2扇区、3扇区……，目前绝大多数硬盘上的每一个磁道的扇区数都是一样的。扇区是硬盘访问的最小单位，一个扇区可以存放512个字节(对于超过2TB的硬盘，一个扇区是4KB)。

图2.1 硬盘内部结构

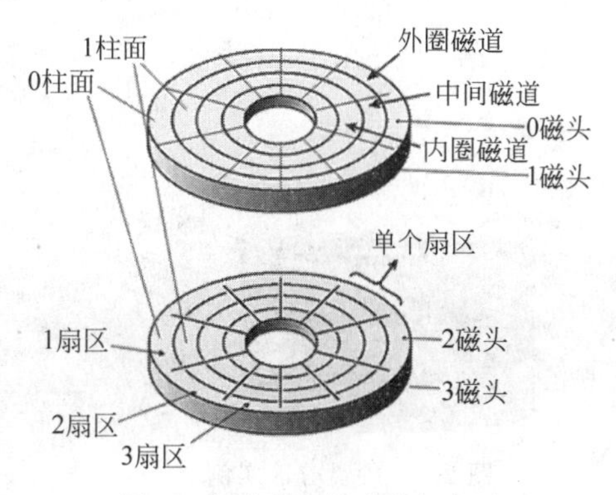

图2.2 磁碟上的磁道与扇区

当CPU要访问硬盘上的一个具体扇区时，需要告诉硬盘3个物理参数(也叫CHS寻址)：

(柱面号、磁头号、扇区号)

这样硬盘首先要移动磁头到目标柱面号，然后等待目标扇区旋转到磁头下就可以访问了。

随着价格不断下降，固态硬盘逐渐流行起来，尤其是一些中高档笔记本电脑和平板电脑，固态硬盘是标配。相比机械硬盘，固态硬盘是纯电子产品，具备速度快、寿命长、功耗低、静音等优点，目前某些品牌的固态硬盘价格与机械硬盘差不多，例如金士顿500GB的价格低于400元。需要注意的是固态硬盘虽然内部没有磁碟、磁头等物理部件，但是驱动程序做了映射，应用软件访问固态硬盘仍然按(柱面、磁头、扇区)寻址，由驱动程序映射到具体的存储颗粒。

知识小贴士

1. 通过硬盘的柱面数、磁头数和每磁道扇区数计算整块硬盘容量的公式为

硬盘总容量＝柱面数×磁头数×每磁道扇区数×512

2. 硬盘技术的发展：

(1) 大扇区(例如一个扇区4KB)。

(2) LBA/LBA48寻址(逻辑块寻址，或称线性扇区寻址，不同于传统的CHS寻址)。

---

2. 硬盘分区

柱面是分区的边界，即一个分区包含整数个连续编号的柱面。如图2.3所示，假如柱面0～柱面999组成主分区1，柱面1000～柱面3000组成主分区2，其余的柱面组成扩展分区。

(0柱面，0磁头，1扇区)是硬盘的主引导扇区(也称主引导记录，MBR)，这个扇区上面放置了硬盘主引导程序(占466个字节)、4条硬盘分区表记录(占64个字节)和硬盘有效标志55AA(占2个字节)，如图2.4所示。主引导扇区不属于任何分区。如果一个分区的信

息占用了主引导扇区里的 4 个分区表记录之一，那么这个分区就是主分区，否则就是逻辑分区。如果硬盘存在扩展分区，那么扩展分区信息一定要登记在主引导扇区中，即占用一个主分区表记录。

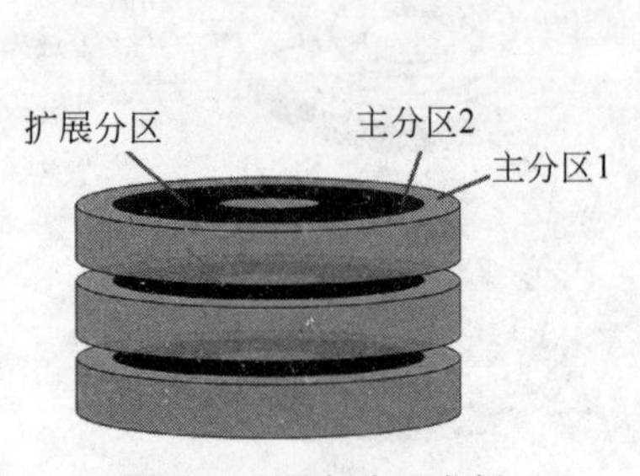

图 2.3 硬盘分区实例

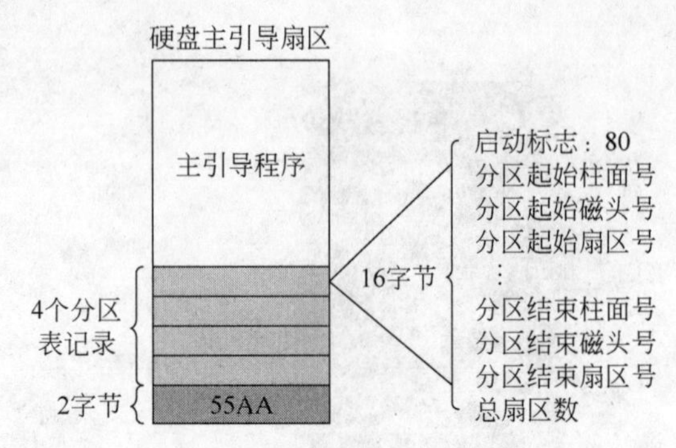

图 2.4 硬盘主引导扇区结构

由于一个硬盘最多只有 4 个主分区，如果创建了一个扩展分区，那么只能创建 3 个主分区了。在安装 Linux 操作系统时如何分配主分区和逻辑分区呢？接下来就要讨论这个问题。

图 2.5 为硬盘分区方案，现在硬盘容量都很大，而且桌面应用一般会同时安装多个操作系统(例如 Windows 和 Linux)，那么建议采用方案 2：先安装 Windows(只建一个 C 盘)，占用一个主分区记录，然后安装 Linux，就根分区和交换分区作为主分区，占用两条主分区记录，硬盘剩余空间全部给扩展分区，等安装完了 Linux 操作系统之后再在扩展分区上创建更多的逻辑分区。

方案1	引导程序	主分区	主分区	主分区	主分区
方案2	引导程序	主分区	主分区	主分区	扩展分区
方案3	引导程序	主分区	主分区		扩展分区
方案4	引导程序	主分区			扩展分区

图 2.5 硬盘分区方案

安装 Linux 操作系统一定要创建一个根分区(类似于 Windows 的 C 盘)，Linux 系统文件就存放在根分区里，根分区一定是挂载到“/”目录上(“/”称为根目录)。注意这里的“挂载”有时叫“安装”“搭接”或者 mount。交换区不是必需的，如果要创建，那么交换区大小有一个经验公式：

(物理内存大小×2)＞4GB? 4GB：(物理内存大小×2)

即交换分区为物理内存的两倍，但最大不超过 4GB。交换区的作用是当物理内存耗尽时当作内存使用，如果物理内存本身都用不完，则根本不需要创建交换区。

知识小贴士

由于传统硬盘分区(MBR)至多只能分 4 个主分区，且硬盘容量限制在 2TB 以内，超过

2TB的硬盘必须采用GPT分区技术(GUID Partition Table),GPT支持的分区数目可达128个,但某些操作系统可能会对此有限制,只有支持UEFI的主板才能从GPT分区的硬盘启动操作系统。新版Linux都支持GPT分区,相应的分区命令有parted、gdisk、gparted。

3. 分区命名

Linux操作系统中的硬盘分区都是用文件名来表示的,分区文件名的格式如图2.6所示。

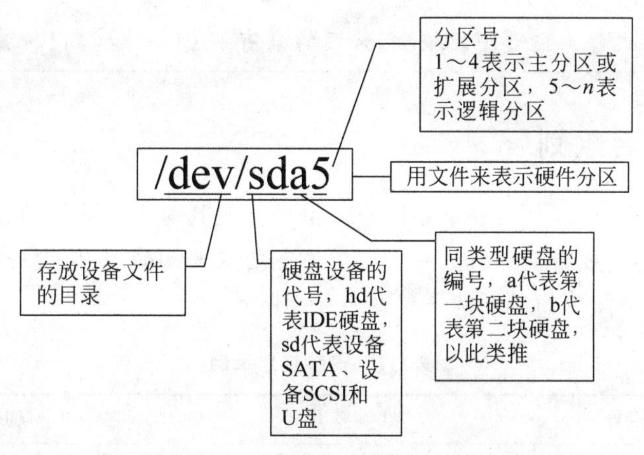

图2.6 硬盘分区文件名命名格式

现在的硬盘都是SATA硬盘,很少有IDE硬盘了,所以命名一般都是/dev/sd[a～z][1～16],即第一块SATA硬盘对应的分区命名:/dev/sda(整块硬盘)。/dev/sda1、/dev/sda2、/dev/sda3、/dev/sda4分别对应第1～4主分区,如果存在扩展分区,那么扩展分区命名一定是/dev/sda4,而/dev/sda5、/dev/sda6、…、/dev/sdan表示逻辑分区。以此类推,第二块SATA硬盘,命名为/dev/sdb、/dev/sdb1、……

需要注意的是,在Linux系统中,U盘等同于SATA硬盘,如果计算机本身只有一块SATA硬盘,此后插入U盘,那么U盘可能的分区命名就是/dev/sdb、/dev/sdb1、/dev/sdb2……。另外在Linux下光盘命名为/dev/cdrom。

2.1.2 文件系统类型

分区只是给硬盘圈定一个范围,即从硬盘的哪个柱面到哪个柱面组成一个分区空间,那么到底如何来管理分区空间和那些即将要复制进来的文件呢?这就是文件系统的任务了,文件系统是操作系统的核心功能模块之一,实际的文件系统位于虚拟文件系统之下。在Linux下,存在几十个文件系统类型,常用的有Ext2、Ext3、Ext4、XFS、BRTFS、ZFS等,不同类型的文件系统采用不同的方法来管理硬盘分区空间,各有优劣。对于一个具体的分区到底采用哪个文件系统类型,可以由自己指定。这里又引出了一个"分区格式化"的概念,也有人干脆说"硬盘格式化",格式化一定是针对分区的,所以后一种说法不准确。分区格式化是指采用指定的文件系统类型对分区空间进行登记、索引并建立相应的管理表格的过程。例如,分区就像学校建图书馆,分区格式化就像对图书馆里的书籍建立索引编码,而文件系统类似于图书编码系统。关于文件系统更详细的内容参见第4章。

随着硬盘容量越来越大和固态硬盘逐渐流行,文件系统也不断得到发展,例如XFS文件系统可管理500TB的硬盘,BRTFS文件系统专门针对固态硬盘做了优化,ZFS文件系统号称是文件系统的终结者。另外硬盘和分区容量越来越大,现代操作系统都以"磁盘簇"为单位访问硬盘,一个磁盘簇等于 2^n 个扇区($n=0,1,2,3,4$,例如Windows和Linux操作系统的磁盘簇都等于4KB,相当于 2^3 个扇区,这样小于4KB的文件都占用4KB的磁盘空间)。

知识小贴士

Windows中的文件系统类型比较少,常用的只有FAT32和NTFS,默认采用后者。

2.1.3 安装规划

凡事要三思而后行,安装Linux系统也不例外。尤其对于企业中的关键应用,前期规划不仅要做细,而且还需要有前瞻性。一个好的方案要求架构简单、层次分明、功能分割明确、容量伸缩自如。一个简单的规划例子参见表2.1所示。

表2.1 安装规划举例

序号	级别符号	红帽阵营	Ubuntu阵营
1	计算机配置	4核CPU×2.5GHz=10GHz,DDR 4代内存2×4GBHz=8GBHz组成双通道,SATA固态硬盘500GB,双网卡10/100/1000自适应	
2	需求	安装3个操作系统:RHEL 8、Ubuntu 18.04桌面版、Windows 10。安装顺序是Windows 10→RHEL 8→Ubuntu 18.04。RHEL 8的引导程序安装到/dev/sda2,Ubuntu 18.04的引导程序安装到/dev/sda	
3	硬盘分区		
4	主分区1	128GB,NTFS,安装Windows 10	Windows 10的系统盘:C盘
5	主分区2	64GB,XFS,RHEL 8	RHEL8的根文件系统/dev/sda2
6	主分区3	64GB,Ext4,Ubuntu 18.04桌面版	Ubuntu 18.04的根文件系统/dev/sda3
7	扩展分区	硬盘剩余容量(大概256GB)	
8	逻辑分区1	4GB,SWAP,RHEL和Ubuntu共享	共享的交换分区
9	逻辑分区2	32GB,Ext4,备份	用于RHEL和Ubuntu 18.04的系统备份分区/dev/sda6
10	逻辑分区3	64GB,Ext4,数据	Linux共享的数据分区/dev/sda7
11	逻辑分区4	64GB,NTFS	Windows 10的D盘
12	…	…	保留

2.1.4 安装方法

2.1.3节讲过目前流行的Linux发行版分成两大阵营,而本节讲述的原理对两个阵营都适用。在"附录B:安装Linux实训"部分以红帽8.0和Ubuntu 18.04为例讲解具体的安装过程。

常用的安装方法有原始安装、升级安装、降级安装、复制安装和无人值守安装。

原始安装一般是从光盘启动安装或者从 U 盘启动安装。从光盘启动安装是最常见的安装方法，后面的实训就是采用这种方法。

升级安装就是计算机以前已经安装了一个低版本，现在要升级到高版本，升级安装只限于升级同一发行版的高版本。降级安装与升级安装相反，从高版本降级到相同发行版的低版本。不过目前发行版的升、降级安装方法不能保证百分之百成功，即使成功也不能保证系统是干净的，即使是干净的也不能保证原先配置的服务是正常的，即使现在正常也不能保证以后总是正常的，所以建议还是采用原始安装方法，不过事先要做好备份。

复制安装也叫克隆安装，类似于用 Ghost 方式安装 Windows 操作系统，但是对于 Linux 操作系统，强烈建议在完全相同配置的计算机之间进行复制安装，否则后患无穷，尤其是对于关键的后台应用。

无人值守安装就是完全自动化安装，本质上还是原始安装，只不过不用人工干预而已，安装过程需要回答的问题的答案已经在安装服务器上设置好了。要实现无人值守安装，需要满足以下几个条件：

(1) 存在一台安装服务器；

(2) 被安装计算机能从网卡启动；

(3) 存在 DHCP 服务；

(4) 网络是通的。

无人值守安装适用于经常性地安装大量计算机的单位，且这些计算机配置要尽量相同，当然也可以针对每一种型号的计算机订制安装模板，但如果不同型号的计算机过多，模板订制工作量就会很大。

对于原始安装，不同的 Linux 发行版安装方法差不多，安装过程也大同小异，无非就是在回答若干问题后就把系统文件复制到根分区，最后做一些扫尾工作。安装过程中常见的问题如下。

(1) 采用什么语言？一般选中文。各个发行版都支持上百种语言。

(2) 采用什么样的键盘类型？选择中国的或者美国的都可以。

(3) 选择哪个时区？在中国，选择上海时区或者重庆时区。一般没有北京时区可选。

(4) 输入超级用户的密码，或者创建一个普通用户(输入用户名和密码)。

(5) 自动配置网卡还是手工输入网卡参数。Ubuntu 在安装时需要从网上下载一些软件包，例如中文语言包，所以要配置好网卡，如果网络不通，也可以事后再安装需要的软件包。

(6) 硬盘如何分区？对于初学者来说，这是整个安装过程中最困难的一步，而且不同的发行版分区操作的界面也不一样。建议先分一个根分区和一个交换分区，根分区分配 32GB 的硬盘空间足矣。具体的分区操作参见本书的附录 A。如果对硬盘分区没有什么特殊的要求(例如在虚拟机里安装 Linux)，采用默认分区即可。

这些问题都提供了默认答案，当直接单击“下一步”按钮时采用的就是默认答案，现在流行的发行版，整个安装过程只要一直单击“下一步”按钮也能很好地完成安装任务。

如果要在一台计算机上同时安装 Windows 和 Linux，建议先安装 Windows，然后再安装 Linux，这样不用手工配置，启动时就可以选择启动哪个操作系统了。

2.2 初步管理

2.2.1 开机、关机与睡眠

当前的 Linux 发行版默认采用 grub2 引导管理器,开机后首先进入 grub2 引导菜单,在这个菜单里可以选择启动什么操作系统(假如同时安装了 Windows 系统),在数秒钟的延时内如果没有按键,那么启动默认的操作系统(一般是 Linux)。Ubuntu18.04 在没有同时安装多个操作系统的情况下,开机 grub2 引导菜单不会显示,图 2.7 所示是红帽 8.0 的引导菜单。

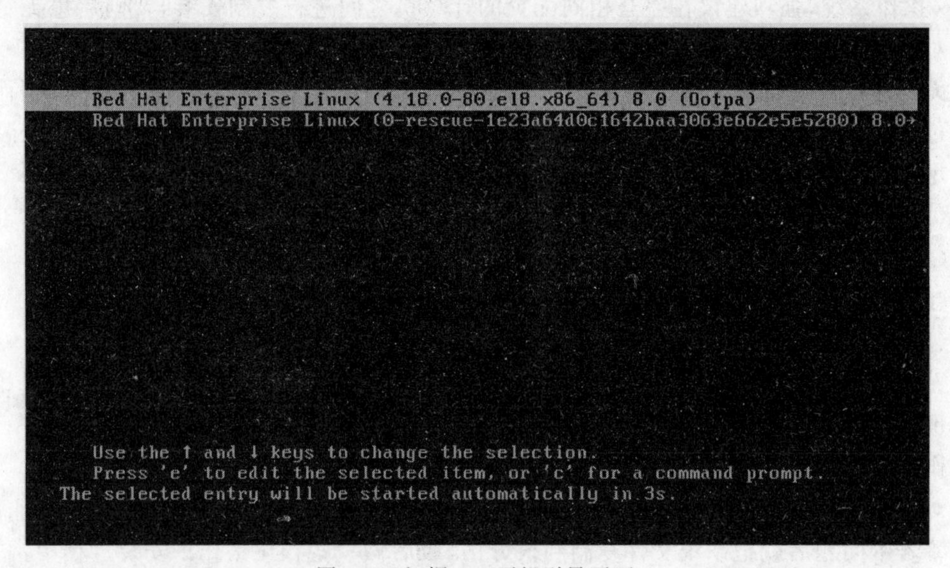

图 2.7 红帽 8.0 开机引导画面

当启动异常时可选择引导菜单上的第二项“……rescue……”,进入维护模式,在维护模式下做一些诸如根文件系统修复等关键性操作。进入第一个菜单后一会儿就出现登录画面了,在这里输入用户名和密码进行登录,具体参考图 B.13 和 B.22。

普通用户 moodisk 是作者安装系统时创建的普通用户,也可以选择其他的用户登录,前提是知道其他用户的名字和密码。单击图 2.12 中的“⏻”,就可以选择重启或者关机了。

2.2.2 登录、锁屏与注销

有两种方式登录 Linux 系统,即图形界面方式和字符界面方式,每一种方式又分为本地登录和远程登录两种模式,参见图 2.8,表 2.2 是字符界面和图形界面登录的比较。

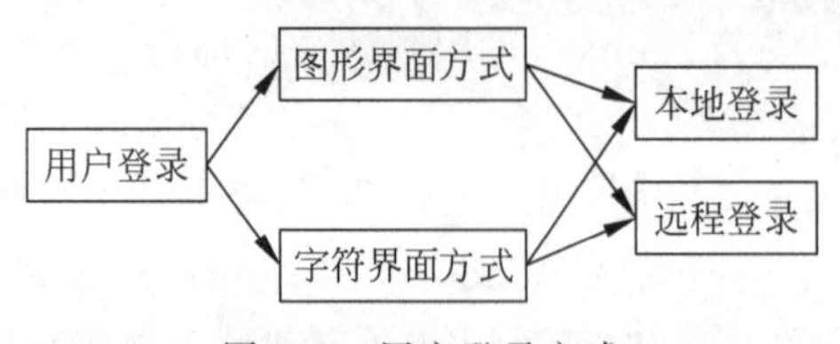

图 2.8 用户登录方式

表 2.2　字符界面和图形界面登录比较

项目＼界面	字 符 界 面	图 形 界 面
接口界面	黑贝字符	图形
功能	可完成全部功能	完成部分功能
计算机资源消耗	少	多
效率	高	低
默认虚拟终端数	6	1
规范性	与发行版少相关	与发行版多相关

图 2.9 和图 2.10 是字符界面的登录画面，可以输入用户名和密码登录系统。默认提供了 6 个登录屏幕，分别用 F1～F6 表示，采用快捷组合键 Ctrl＋Alt＋Fn 可切换到第 n 个屏幕($1\leqslant n\leqslant 6$)，其中第一个屏幕是图形界面，其他 5 个屏幕都是黑白字符界面。从图形登录界面登录后的图形桌面会占用 2～6 中的一个虚拟屏幕，而第一个虚拟屏幕一直显示图形界面。

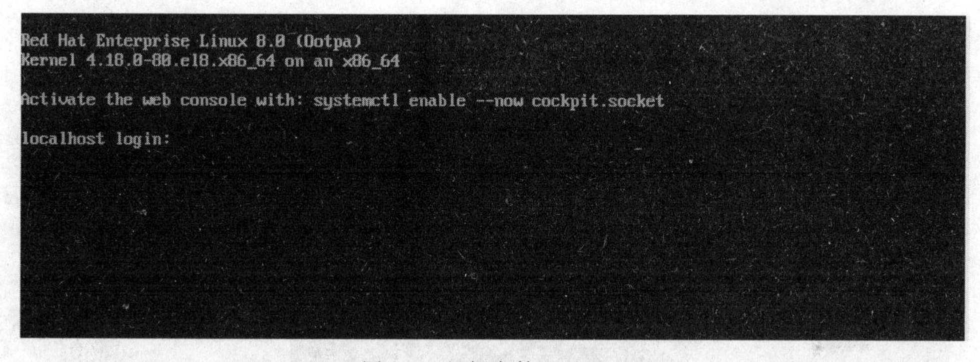

图 2-9　红帽字符登录界面

图 2.10　Ubuntu 字符登录界面

上面显示的是 Linux 系统启动的“前台”过程，图 2.11 展示的就是启动的“幕后”过程。

现在的 Linux 发行版本都采用 gnome 3 桌面，图形界面基本统一。

如果在一段时间(例如 10 分钟)内用户无操作，那么就进入屏保。需要再次输入密码才能进入桌面。

从图形界面注销出来，用鼠标单击右上角的“ ”，单击用户名，再单击“注销”，即退回到图形的登录界面，见图 2.12。

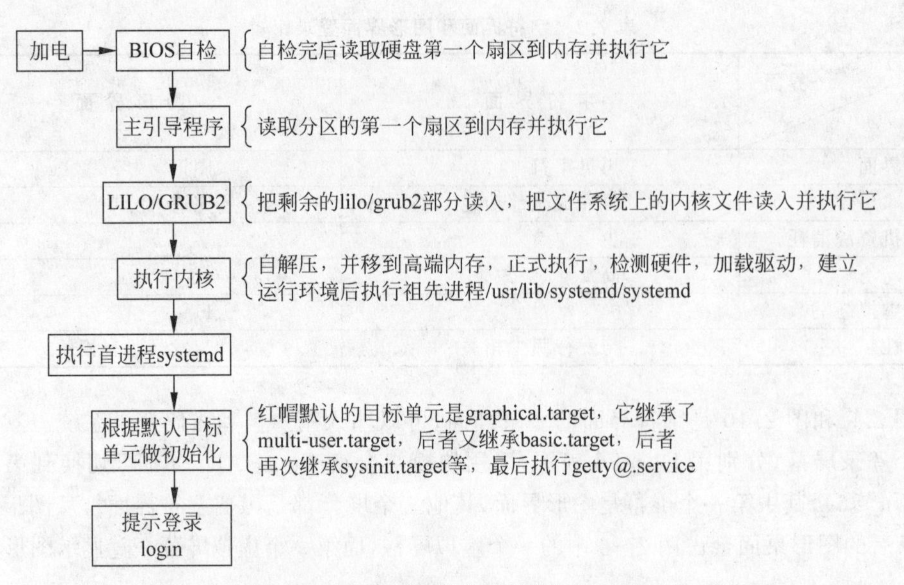

图 2.11 Linux 系统启动的"幕后"过程

图 2.12 注销

2.2.3 配置网络

新版 Linux 操作系统下的网卡命名格式为 enpXsY(X,Y=0,1,2,3,…),其中 en 表示以太网卡,p 代表 BUS 总线,s 代表槽位,例如网卡名 enp0s3 表示 0 号总线 3 号槽位上的以太网卡。

配置网卡有两种方式:手工配置和自动配置。这里具体讲手工配置。配置网卡需要 4 个参数:IP 地址、网络掩码、网关和 DNS 服务器,DNS 是用来查询域名的 IP 地址的,所以 DNS 本身不能使用域名,只能使用点分的十进制格式,如 Google 和 IBM 提供的 8.8.8.8 和 9.9.9.9。

具体参考图 2.13 和图 2.14 配置网卡。

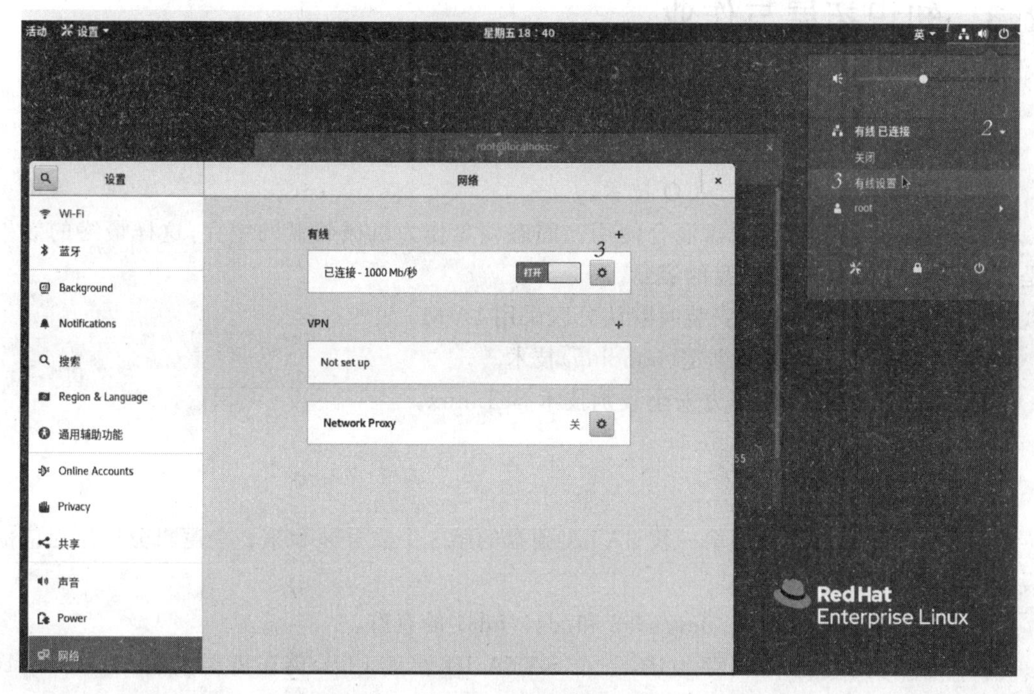

图 2.13 配置网卡

允许一块网卡配置多个 IP 地址。网卡参数修改后需要关闭再开启网卡使新参数生效，参见图 2.15。

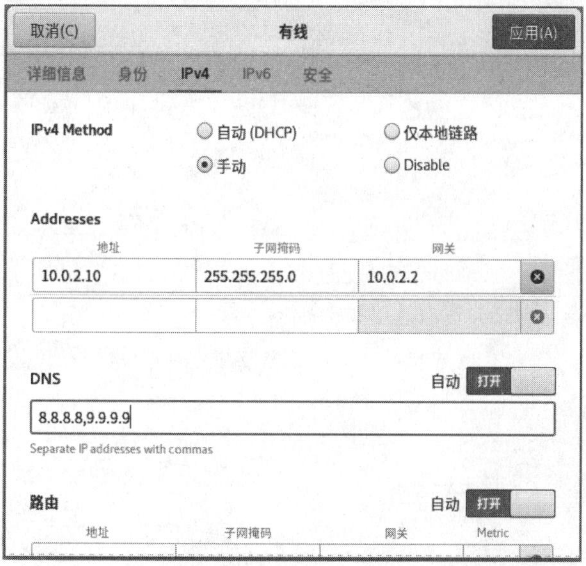

取消(C) 有线 应用(A)
详细信息 身份 IPv4 IPv6 安全
IPv4 Method 自动 (DHCP) 仅本地链路 手动 Disable
Addresses
地址 子网掩码 网关
10.0.2.10 255.255.255.0 10.0.2.2
DNS 自动 打开
8.8.8.8,9.9.9.9
Separate IP addresses with commas
路由 自动 打开
地址 子网掩码 网关 Metric

图 2.14 配置网卡参数

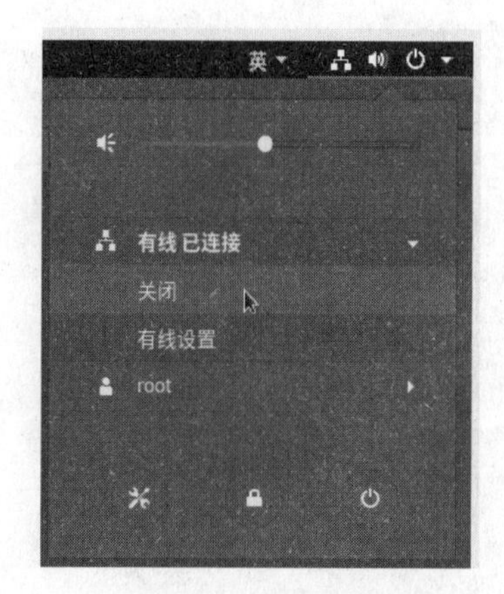

图 2.15 关闭网卡

2.3 知识拓展与作业

2.3.1 知识拓展

(1) 硬盘垂直写技术和NCQ技术。

(2) 固态硬盘和机械硬盘混合使用。固态硬盘作为机械硬盘的缓存,这样最终的效果是固态硬盘的性能,机械硬盘的容量。

(3) 逻辑卷(LVM2):安装时默认分区采用LVM。

(4) Linux下多块网卡绑定(bonding)技术。

(5) 了解Linux下的军方安全级别技术SELinux。

2.3.2 作业

(1) 请写出计算机里的第一块SATA硬盘的第3个主分区和第2个逻辑分区所对应的设备文件。

(2) 请解释/dev/sdb3、/dev/sda8和/dev/hda1的意思。

(3) 假设计算机物理内存4GB,一个SATA III硬盘1TB,现在需要安装Windows 10和Ubuntu 18.04,请规划一个硬盘分区方案。

第3章 用户、组和身份认证

本章学习目标：

- 了解多用户系统的概念
- 掌握用户和组的概念
- 掌握管理用户和组的方法
- 了解用户登录过程和环境变量的设置

Linux操作系统是多用户、多任务系统——即允许多个用户同时登录Linux系统并启动多个任务(有的用户远程登录)。用户账号和用户组是进行身份鉴别和权限控制的基础，身份鉴别的目的是规定哪些人可以进入系统，而权限控制的目的则是规定进入系统的用户能做哪些操作。

3.1 多用户系统

一个安装好的但是没有启动的Linux系统是静态的系统，静态的Linux系统一般由根分区上的文件、目录和交换分区组成，内容不会发生改变。而启动的Linux系统称为动态的系统，动态的Linux系统一般由根分区上的文件、目录和虚拟内存(含交换区和物理内存)中的进程组成，动态系统里的内容会时刻发生变化。

动态的Linux系统(多用户运行级别)允许已经注册的用户登录，例如图3.1所示的动

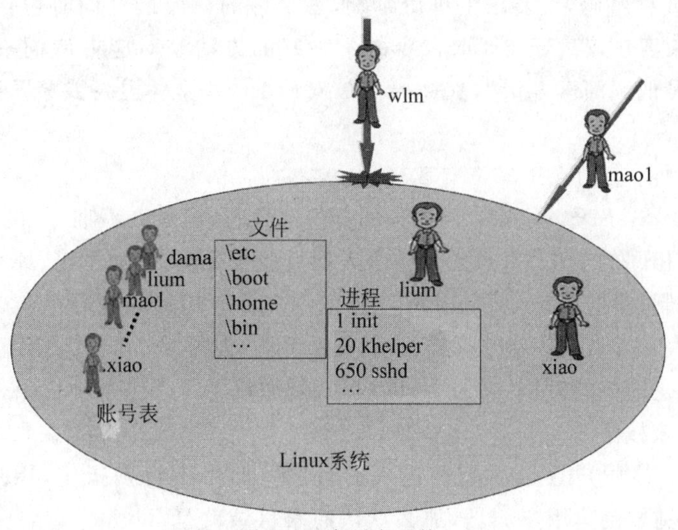

图3.1 多用户系统

态系统中有一个已注册用户的账号表,同时已经登录了两个用户 lium 和 xiao,另外两个人正在使用账号 wlm 和 mao1 登录,由于账号 wlm 不在系统的账号表中,所以这个用户登录会失败,用户持账号 mao1 登录时必须输入正确的密码,否则系统拒绝用户登录。

所谓的多用户系统就是指一台计算机启动后,允许多个用户同时登录并使用计算机,最常见的例子是很多用户通过网络远程登录到一台运行 Linux 的计算机。远程登录的内容参见第 7 章。

3.2 用户和组的概念

3.2.1 用户的概念

有的人喜欢说“用户”,另一些人喜欢用“账号”,在 Linux 系统里,用户和账号是指同一个概念:使用 Linux 系统的人,他的信息必须事先在 Linux 系统里登记,需要登记的信息如图 3.2 所示。

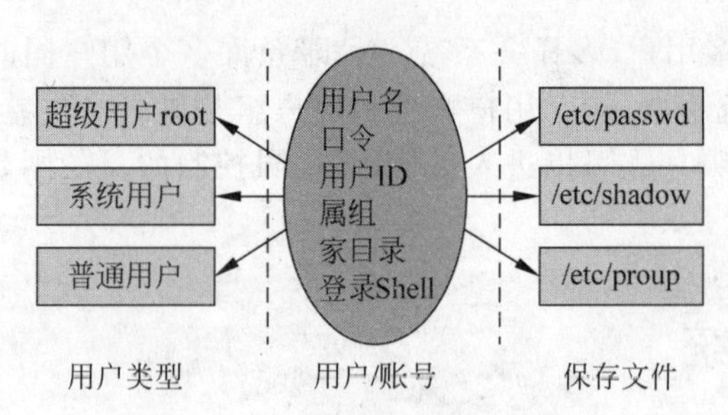

图 3.2 Linux 下用户的登记信息

在 Linux 中,创建(即登记)一个用户时需要提供如下信息。

(1) 用户名:也叫账号,合法的账号由 A~Z、a~z、0~9、-和_组成,账号长度介于 1~32。在 Linux 系统中用户名是唯一的,用户名主要用于身份鉴别。

(2) 口令:或称密码,主要用于身份鉴别,一个好的口令最好同时包含大小写字母、数字和其他符号,长度建议大于 6。取口令的一种好的方法是对应古诗词中的一句话,例如 Y4yhL9t 对应“疑似银河落九天”,10LctwyyC 对应“十里长亭望眼欲穿”,这样的密码自己好记,别人难猜。

注意:密码中字符的大小写是有区分的。

(3) 用户 ID 号:简称为 UID,犹如人的身份证号码,但允许不唯一,也就是说允许多个不同的用户拥有相同的 UID,有点类似一个人拥有多个称呼,例如学名、绰号、小名等。UID 主要用于权限控制,由此可知,具有相同 UID 的用户具有相同的权限。

(4) 属组:每一个用户只能归属于一个主要组群,但是可以同时归属于多个附加组群。给用户分组主要是便于管理同一类用户的权限,例如赋予一个组某种权限,那么这个组的所有用户自动拥有该权限。

(5) 家目录:是用户登录后默认进入的目录。如果不特别指定,用户的家目录就是 /home/<账号>,例如创建用户 zsan,那么默认的家目录就是/home/zsan。root 用户的家目录有点特别，默认是/root。

(6) 登录 Shell：用户登录 Linux 的过程中，会自动执行一系列的程序，其中最后执行的那个程序称为 Shell 程序。Shell 意为“壳”，可想象为包裹在 Linux 系统外面的“壳”，用户登录后一直在这个“壳”中，用户输入的任何命令都由 Shell 代为执行。目前常用的 Shell 程序有 Bash、tcsh、dash 等，其中 Bash 是默认的 Shell 程序，是最流行的“壳”。另外还有一些特殊的 Shell 程序，如 nologin、false，这两个 Shell 程序其实除了立即退出系统之外什么也不做，即当一个用户的登录 Shell 是这二者之一时，这个用户是不能登录的，因为一登录就马上退出来了。用户编写的应用程序也可以作为登录 Shell，例如编写一个简单的关机、重启、修改系统时间、杀死进程的程序，把这个程序设置成一个普通管理员的登录 Shell，用户登录后通过选择菜单完成这几个简单的任务。

(7) 备注：对用户的描述，这个可以省略。

这些用户信息主要保存在文件/etc/passwd 中，加密后的密码保存在文件/etc/shadow 中。/etc/passwd 每一行对应一个用户，格式如下。

```
用户名:密码:UID:GID:备注:家目录:登录 Shell
```

各个参数之间用“：”分开，其中的“密码”都用 x 表示，GID 是该用户的主要组群的组号。例如/etc/passwd 文件中有如下一行：

```
wochi:x:1000:500::/home/wochi:/bin/bash
```

从上面这一行可以获得这些信息：用户名是 wochi，密码的位置出现 x 表示加密后的密码串保存在/etc/shadow 中，用户 ID 号是 1000，隶属于主要组群 500 号，用户的家目录是/home/wochi，登录 Shell 是/bin/bash，没有备注信息。

同样/etc/shadow 也是一行对应一个用户，格式如下：

```
账号:密码:最后一次更改密码的日期:密码有效期最少天数:密码有效期最多天数:密码修改警告期:
密码禁用期:账号过期日期:保留字段
```

(1) 密码：是经过加密后的密文。这种加密算法是不可逆的，也就是说不能从密文反推算出原始密码。在用户登录校验密码时，Linux 系统采用相同的加密方法对用户登录时输入的密码进行加密得到密文，然后通过比较两份密文是否相同来判断密码输入是否正确。

(2) 上一次更改密码的日期：具体表示为从 1970 年 1 月 1 日以来的天数。例如在 2019 年 8 月 10 日修改过密码，那么这里就是 18117。

(3) 密码有效期最少天数：即自上次修改密码之后要过多少天后才允许再次修改密码。如果为 0 或者空表示没有限制，即可随时修改密码。

(4) 密码有效期最多天数：即多少天前必须修改密码。如果过了有效期最多天数还没有修改密码，那么下一次用户登录时提示用户必须修改密码；为空表示没有限制，同时也没有密码修改警告期，没有密码禁用期；如果密码有效期最多天数小于密码有效期最少天数，那么用户不能修改密码。

(5) 密码修改警告期：即开始不断地通知用户要修改密码，如果为 0 或者空则不通知。

(6) 密码禁用期：过了密码有效期最多天数如果仍然没有修改密码，则进入密码禁用期，在禁用期内，用户登录时要求强行修改密码。过了禁用期，那么账号就完全冻结了，冻结的账号经过解冻之后可以继续使用。

(7) 账号过期日期：表示为从 1970 年 1 月 1 日以来的天数，为空则没有限制。账号过期后不能再用了。例如打算让账号在 2014 年 8 月 11 日失效，那么这里的值就是 16293。

这些参数之间的关系可以用图 3.3 表示。

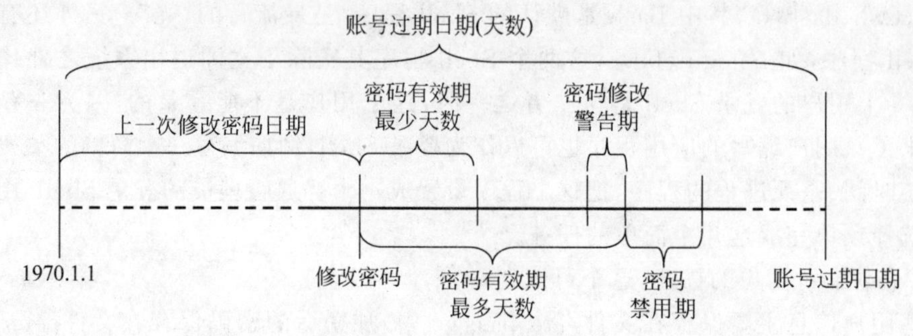

图 3.3 密码的老化过程

例如/etc/shadow 文件中有如下一行：

```
wochi:$6$87wjcyRC$J2rPOb.SQw:15142:10:20:3:5:16293:
```

可以用图 3.4 表示此密码的老化过程。

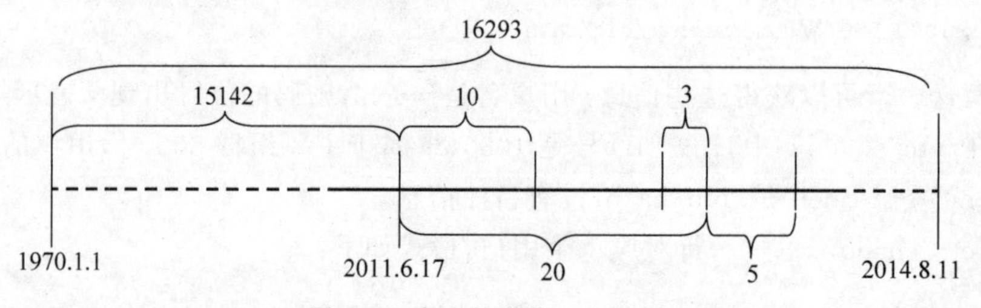

图 3.4 密码的老化过程举例

Linux 系统的用户分为三类，分别是超级用户 root、系统用户和普通用户。在安装系统时默认创建超级用户 root，root 的权力没有限制，它的 UID 和 GID 都是 0。超级用户的作用是管理系统，例如创建用户、给硬盘分区、配置网络等。系统用户主要用来启动服务或者用作一些特殊权限控制，系统用户的权限受到限制，系统用户也是在安装 Linux 或者应用软件时自动创建的，它们的 UID 小于 1000，系统用户不能登录。普通用户是由超级用户 root 创建并分配给 Linux 系统的使用者，权限有限制，使用者用普通用户登录以完成他们的日常工作，普通用户的 UID 一般大于等于 1000。

3.2.2 组的概念

Linux 下组群的概念如图 3.5 所示，登记一个组群需要提供三个信息：组群名、组群 ID 和该组群的成员用户，这些信息主要保存在文件/etc/group 中，每一行对应一个组群，组群名必须唯一。文件/etc/group 中的一行格式如下：

```
组群名:密码:组号:该组的用户成员
```

密码位是一个 x，加密后的密码存放在/etc/gshadow 文件中，对于组群的密码，没有多大的实际意义。组号为 0 表示超级用户组群，组号 1～999 表示系统组群，1000 及以后的数字表示普通组群。组号允许不唯一，即多个组群名允许拥有相同的组号。

例如/etc/group 文件中有一行：

```
admin:x:121:wochi,zsan,alice
```

组名 admin，组号 121，组中的成员包括用户 wochi、zsan、alice。

用户和组群的关系可以用图 3.6 表示。

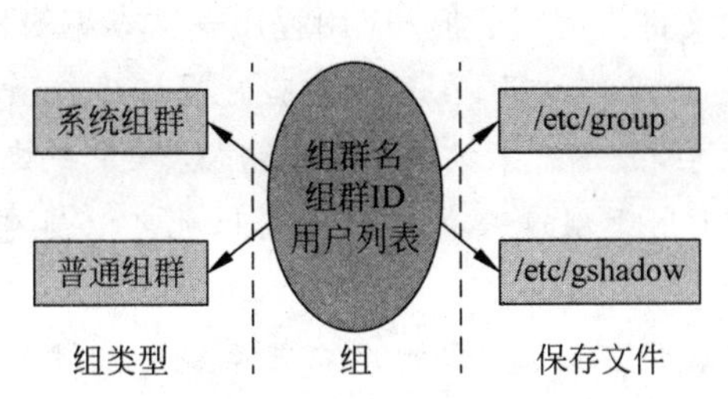

图 3.5 Linux 下组群的概念

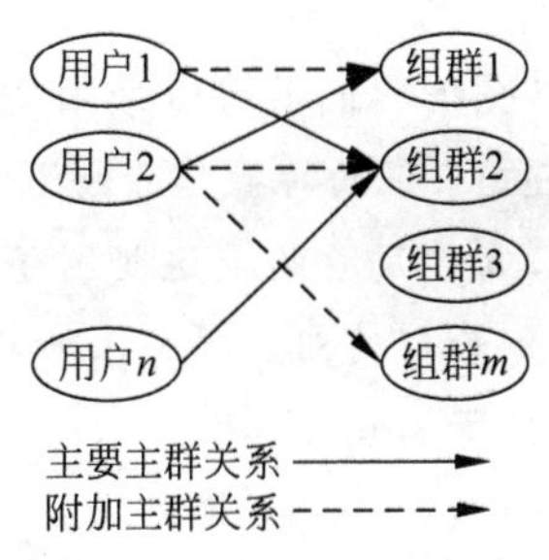

图 3.6 用户和组群的关系

如图 3.6 所示，一个用户必须且只能属于一个主要组群，但是可以属于 0 个或者多个附加组群，一个组群可以包含 0 个或者多个用户。例如在校大学生，一个学生只能属于一个班级(主要组群)，但是他可以同时加入很多社团(附加组群)。

3.3 用户和组管理

用户和组的管理包括创建、删除、修改属性、修改密码等。具体操作可以采用可视化的图形界面方式，也可以采用命令方式，这里重点介绍后者。Linux 下的命令语法如下所示：

```
<命令> <选项> <目标>
```

“命令”是用来操纵“目标”的，到底怎么操纵呢？这是由“选项”规定的。由于可能存在多个选项，所以选项采用“-<一个字母或数字>[参数]”或者“--<多个字母或数字>[参数]”的形式，例如创建用户 zhangsan 的命令：

```
useradd -u 1001 -d /home/zbc --shell /bin/bash zhangsan
```

命令是 useradd，目标是 zhangsan，选项是-u 1001-d /home/zbc--shell /bin/bash。

文件/etc/login.defs 定义了组群和用户的默认属性，在创建用户和组的时候，如果没有给出相应的参数，那么就取默认值。其中一些主要参数如表 3.1 所示。

表 3.1 文件/etc/login.defs 定义的参数

序号	参数	默认值	说明
1	PASS_MAX_DAYS	99999	密码有效期最多天数
2	PASS_MIN_DAYS	0	密码有效期最少天数
3	PASS_WARN_AGE	7	密码警告时期，密码到期前 7 天开始发警告

续表

序 号	参 数	默认值	说 明
4	PASS_MIN_LEN	5	密码最小长度,即密码必须多于5个字符
5	UID_MIN	1000	创建用户时默认选择的UID最小值
6	UID_MAX	60000	创建用户时默认选择的UID最大值
7	GID_MIN	1000	创建组群时默认选择的GID最小值
8	GID_MAX	60000	创建组群时默认选择的GID最大值

在图形界面上可以采用文本编辑器浏览此文件内容(活动→应用程序→文本编辑器)。

注意:下面的操作除特别声明外,都需要超级用户权限,在具体实验时最好用root用户登录。需要注意的是这些例子只是用来案例教学,并不代表在实际的操作过程中一定要这样做,例如创建组的第一条命令groupadd class1用于创建一个新组class1,也可以创建其他的组,例如sales、itx86组等。

注意:Ubuntu操作系统默认的root密码我们不知道,需要用安装系统时创建的普通用户登录,然后执行命令sudo-s切换到root用户,或者在每个命令前添加sudo临时获取root权限,例如sudo groupadd class1。

登录图形桌面后,单击左上角的 活动 ,然后单击图标即可打开一个命令终端,下面的命令都是在这个终端中操作。如果是Ubuntu,也可右击桌面空白处,在弹出的菜单中单击终端。

3.3.1 组管理

1. 创建组

(1) 创建组群class1:groupadd class1。

(2) 创建组群grade2且指定GID为555:groupadd -g 555 grade2。

(3) 创建已存在组群root的别名组群administrators:groupadd -g 0 -o administrators。

注意:只能创建不存在的组群。新建的组信息保存在/etc/group中,可以采用more或者cat命令查看,例如cat/etc/group。

2. 删除组群

删除组群class1:groupdel class1。

注意:只能删除已经存在的空组群,也就是组里没有用户成员。

3. 修改组群属性

(1) 修改组群sales的组号(GID)为1650:groupmod -g 1650 sales。

(2) 修改组群sales的组群名为sales1:groupmod -n sales1 sales。

(3) 用一条命令完成上述两个任务:groupmod -g 1650 -n sales1 sales。

注意:只能修改已经存在的组群属性。

4. 查看组群信息

查看文件/etc/group 的内容即可，可以采用 cat、more、tail 等命令查看，例如：

(1) 查看文件/etc/group 的末尾 10 行：tail/etc/group。

(2) 翻页显示/etc/group 信息：more/etc/group。

3.3.2 用户管理

如表 3.2～表 3.6 所示为一些常见的用户管理示例。

表 3.2 创建用户示例

序号	命　令	说　明
1	useradd zsan	创建用户 zsan。注意：账号 zsan 的其他属性都采用默认值，UID 取最小的可用的普通用户号，家目录/home/zsan，登录 Shell 为/bin/bash，归属主要组群 zsan(组群 zsan 会自动创建)。 注意：在 Ubuntu 中，需要加上参数-m 才会创建用户家目录，即完整命令为 useradd -m zsan
2	useradd -u 1005 -d /home/lisihome -g sales1 -s /bin/tcsh lisi	创建用户 lisi，UID 取 1005，家目录为/home/lisihome，归属主要组群 sales1，登录 Shell 为/bin/tcsh 注意：用户号 1005 没有分配给其他用户，组群 sales1 存在
3	useradd -u 1005 -o zsan1	创建普通用户 lisi 的别名用户 zsan1，两个用户具有相同的 UID
4	useradd -u 1006 -g sales1 -G class1,root -c "The sales and admin" -e 2020-1-1 himan	创建用户 himan，用户号为 1006，归属主要组群 sales1，同时成为附加组群 class1 和 root 的成员，该用户有效期截止到 2020 年 1 月 1 日
5	useradd -r -s /bin/false ldap	创建一个系统用户 ldap，登录 Shell 为/bin/false 注意：不会创建系统用户的家目录
6	useradd -m -d /home/odoo -s /bin/bash -G sudo odoo	创建普通用户 odoo，建立家目录(-m 参数)，归属附加组群 sudo。这样 odoo 能通过 sudo 获取超级用户的权限。 注意：在红帽操作系统中，隶属于 wheel 组的用户才能获取 root 用户权限，因此本命令改为 useradd -m -d /home/odoo -s /bin/bash -G wheel odoo

表 3.3 删除用户

序号	命　令	说　明
1	userdel zsan1	删除用户 zsan1
2	userdel -r zsan	删除用户 zsan，连同家目录一起删除
3	userdel -f -r abc	强行删除用户 abc，即使此用户已经登录

注意：只能删除已经存在的用户。

表 3.4 修改用户属性

序号	命　令	说　明
1	usermod -d /opt/zsan -s /bin/tcsh zsan	修改用户 zsan 的家目录和登录 Shell
2	usermod -g grade1 -G class2 -a zsan	修改用户 zsan 的主要组群为 grade1,同时再加入附加组群 class2
3	usermod -l zsan2 zsan	修改用户 zsan 的用户名为 zsan2
4	usermod -u 1020 zsan	修改用户 zsan 的 UID 为 1020
5	usermod -d /opt/zsan -s /bin/tcsh -g grade1 -G class2 -a -l zsan2 -u 1020 -m zsan	用一条命令完成上面的全部操作

表 3.5 用户密码管理

序号	命　令	说　明
1	passwd -l zsan	锁住用户 zsan。被锁的用户不能登录
2	passwd -u zsan	解锁用户 zsan。解锁后的用户可以继续登录
3	passwd zsan	修改用户 zsan 的密码 注意:用户的密码只有 root 和用户本人可以修改
4	passwd -d lisi	删除用户 lisi 的密码,这样 lisi 就可以不用密码直接登录了
5	passwd -n 10 -x 20 -w 3 -i 5 zsan1	修改用户 zsan1 的密码老化时间,密码有效期最少天数 10,最大天数 20,过期前 3 天会发警告通知,密码禁用期 5 天

表 3.6 查看用户信息

序号	命　令	说　明
1	id zsan	查看用户 zsan 的 UID、主要组群和附加组群的 GID
2	more /etc/passwd	直接查看/etc/passwd 的内容,也可以采用 cat、tail 命令

3.4 登录过程和环境变量

这里着重介绍字符界面的用户登录过程。

3.4.1 用户登录过程

图 3.7 完整地描述了用户登录过程,图中的 F*N* 和 tty*N* 中的 *N* 为 2～6 的一个数字,表示从第 *N* 个虚拟屏幕登录系统,另外图中的<user>代表人们输入的用户名,“～”表示用户的家目录。

从图 3.7 中还可以发现用户成功登录后,最后自动执行登录 Shell 程序(/bin/bash),此后 Bash 进程显示命令行提示符“#”或“$”(超级用户的命令提示符是“#”,普通用户是“$”),并等待用户输入命令。一旦用户输完命令并回车后,Bash 读取输入信息并执行用户输入的命令,命令执行完毕后又显示命令行提示符,等待用户输入下一个命令,直到用户输入命令 exit 退出系统为止。

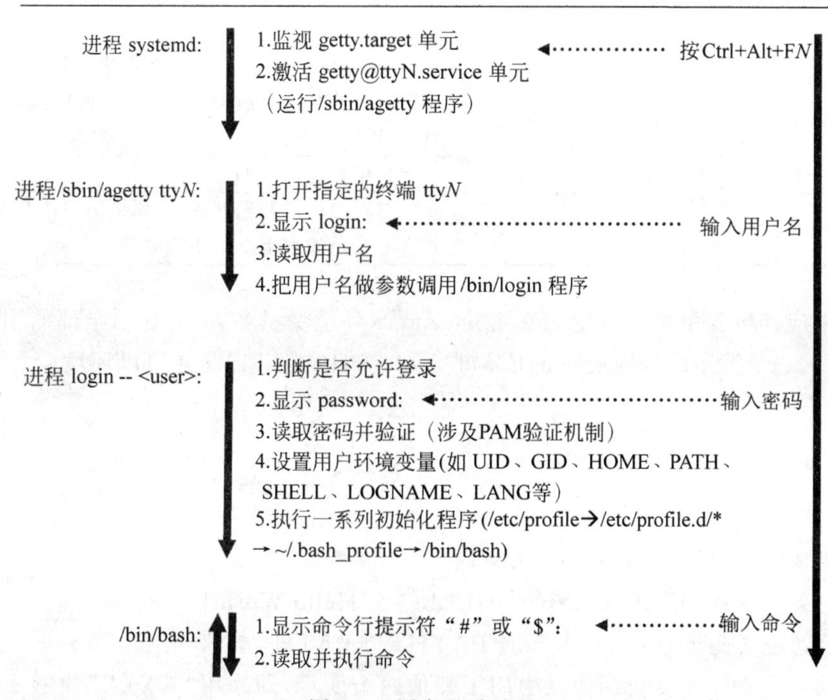

图 3.7 用户登录过程

如果要让全部的用户登录时都执行一段代码，就把这些代码写入一个以 sh 为扩展名的文件中，并放在/etc/profile.d 目录下。相反如果只让某个用户登录时执行，那么就直接加在此用户家目录中的.bash_profile 文件中（即～/.bash_profile）。

3.4.2 用户环境变量

用户登录 Linux 系统时，操作系统会自动为其配置好工作环境——语言、家目录、邮箱目录、命令搜索路径、终端类型、用户名、命令提示符号等。用户的工作环境由一系列的环境变量定义，环境变量的格式如下：

```
环境变量名 = 值
```

"环境变量名"由大小写字母、_、数字组成，以字母开头，但是建议一般不用小写字母，如 LOGNAME、HOME 等，"值"可以由任意字符组成，如果包含空格，则要用引号括起来。例如表 3.7 是一些常见的用户环境变量。

表 3.7 常见的用户环境变量

序号	环境变量	说明
1	LANG=zh_CN.UTF-8	语言定义为中文 UTF-8
2	HOME=/home/zsan	定义用户家目录
3	LOGNAME=zsan	用户名

续表

序号	环境变量	说明
4	PATH =/usr/local/sbin:/usr/local/bin:/usr/sbin:/usr/bin:/root/bin	定义命令搜索路径,即Bash在这些路径中查找用户输入的外部命令所对应的程序,然后执行这个程序(关于内外部命令请参考“第6章基本命令”)
5	SHELL=/bin/bash	定义用户登录Shell
6	PWD=/home/zsan	动态跟踪用户的当前目录,如果用户改变目录,那么这个变量的值也发生相应改变

显示用户环境变量采用命令env或者echo $环境变量名,前者显示全部的用户环境变量,后者显示一个特定的环境变量的值,如“echo $HOME”;设置用户环境变量采用命令export:

```
export 变量名 = 值
```

例如:

(1) 定义语言为英语:export LANG=C;

(2) 定义新变量HELLO:export HELLO="Hello World!";

(3) 重新定义变量PATH:export PATH=$PATH:$HOME。

上面第三个例子中变量的值又引用了其他两个变量,即采用“$XXX”的形式引用变量XXX的值。删除用户环境变量采用命令unset,如unset HELLO。

与用户环境变量类似的另一个概念是Shell变量,每个Shell程序都拥有一套自己的Shell变量集,而用户环境变量是采用export命令导出的Shell变量,是Shell变量的子集。Shell变量使用命令set定义,使用命令unset删除。一些常见的Shell变量如表3.8所示。

表3.8 常见的shell变量

序号	环境变量	说明
1	PS1,PS2,PS3,PS4	这4个Shell变量定义了命令行提示符号格式
2	HISTFILE=/root/.bash_history	定义记录历史命令的文件
3	HISTFILESIZE=1000	记录最近的1000条历史命令,这些命令保存在由HISTFILE定义的文件中
4	HOSTTYPE=i386	定义了CPU架构
5	IFS=$'\t\n'	定义分隔符为空格和Tab键
6	LINES=30,COLUMNS=114	定义了字符屏幕敞口的大小(行列数)
7	MACHTYPE=i386-redhat-linux-gnu	定义了计算机类型
8	HOSTNAME=localhost.localdomain	定义了主机名
9	EUID=1000	有效用户ID号,EUID有别于UID,EUID用于权限控制

注意:使用export和set命令定义的变量是临时性的,在用户注销或者重启计算机后就没有了。如果希望定义的变量永久生效,那么就要把定义变量的命令加到用户登录时自动执行的脚本程序中(图3.7所示用户登录过程),通常选择加在“~/.bash_profile”文件的末尾(特定用户起作用),如果要对全部的用户起作用,就在/etc/profile.d/目录中增加一个

扩展名为sh的文件。例如用文本编辑器编辑新文件/etc/profile.d/alls.sh,文件内容为如下一行:

```
export HISTSIZE=5000
```

这样每一个用户登录时都会执行/etc/profile.d/alls.sh,所以此后登录的用户都具有用户环境变量HISTSIZE,值是5000,采用命令echo $HISTSIZE可以查看此用户环境变量的值。

3.4.3 用户切换

用户登录后可以切换到另一个用户,普通用户需要知道被切换用户的密码才行,而超级用户不要密码可以切换到任何用户。

1. sudo命令

以另一个用户身份执行命令,默认是root,举例如下:

以root身份执行关机命令(会提示输入当前用户的密码):sudo poweroff

以moodisk用户身份执行命令:sudo -u moodisk ls /home/moodisk

切换到root用户(此后可采用exit命令退出root用户):sudo -s

为了系统安全,平时一般以普通用户登录系统完成日常工作,当需要超级用户权限执行某个命令时,采用sudo命令临时获取root权限,这是个好习惯。

注意:用户只有是sudo组群(Ubuntu操作系统)或wheel族群(红帽操作系统)的成员,才能使用sudo命令。

2. su命令

su命令类似于上面的sudo -s命令,但是su有两种切换方式,一是做彻底切换,把全部的环境变量改为切换后的用户的环境变量,二是修改少量环境变量。例如:

彻底切换到root用户:su - root。

不彻底切换到moodisk用户:su moodisk。

3.5 知识拓展和作业

3.5.1 知识拓展

(1) 身份鉴别机制:PAM。

(2) 实际用户号UID和有效用户号EUID的区别。

(3) 访问控制列表ACL。

(4) sudo插件。

3.5.2 作业

(1) 创建用户wang,该用户具有如下属性:家目录/var/home/wang,登录Shell是/

bin/sh,归属主要组群 mail,同时属于附加组群 users 和 fuse 的成员,初始密码 123456,并在用户首次登录时提示修改密码,要求该用户每隔 90 天修改一次密码。请写出命令序列。

(2) 假设用户 zsan 已经存在,家目录是/home/zsan,登录 Shell 是/bin/bash,请帮助该用户设置永久有效的用户环境变量(其他用户不受影响):

```
HELLO = "I am fine"
NAME = "Zhan san"
```

(3) 文件/etc/passwd 中的一行信息如下:

```
jack:x:501:1001:The superman:/home/jackhome:/bin/bash
```

请解释各个字段的含义。

(4) 文件/etc/shadow 有如下一行:

```
woman:$6$87wjcyRCGHJ2rPOb.SQw:15142:10:20:3:5:16253:
```

请解释各个字段的含义。

第4章 文件系统

本章学习目标：

- 了解文件系统的概念
- 掌握标准文件目录树结构
- 掌握绝对路径和相对路径的概念
- 掌握文件权限管理

只要你一登录 Linux 系统，你就在文件目录树的某个支点上，此后你可以像猴子那样不断地在“树枝丫”之间跳来跳去，直到退出系统为止。记住这棵树的结构是一个称职 Linux 系统管理员必备的素质。

4.1 Linux 目录树

数据都是以文件的形式保存在硬盘分区上(交换区除外)，而一个分区上可能存在成千上万的文件，它们保存在各个目录下面，众多的目录进一步形成父子关系(父目录和子目录)，这像极了一本家谱，有时人们更形象地把它当作一棵枝繁叶茂的倒树——这就是 Linux 目录树。

Linux 的根文件系统就是一颗倒树结构，如图 4.1 所示。

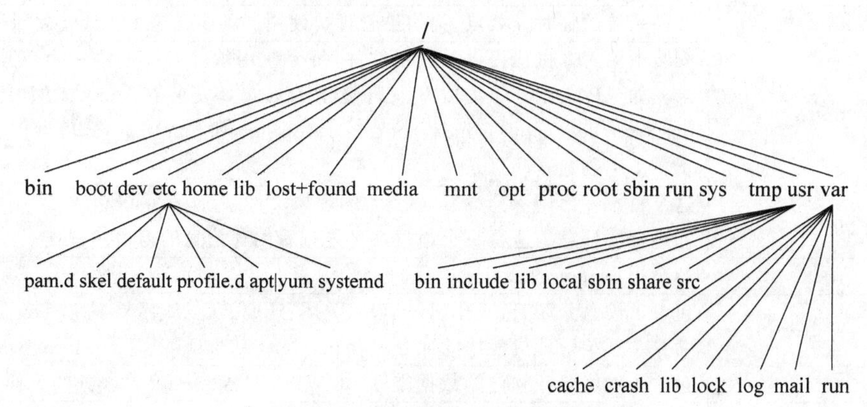

图 4.1 Linux 根文件系统目录树

图 4.1 中只画出了三层目录树中最常见的目录，其他不常见的目录还有很多，而且达到十层以上。在目录树中，叶子只能是空目录或者文件，非叶子节点只能是目录，上一级目录

是直接下一级目录的父目录,例如目录 usr 是 include 的父目录,目录"/"是 usr 的父目录。

表 4.1 列出了 Linux 常见目录的用途。

表 4.1 Linux 目录用途

序号	目　录	说　明
1	/bin	存放常用的外部命令,这些命令主要用于日常工作
2	/boot	包含了 Linux 操作系统启动过程中所需的所有文件,如 Linux 内核 vmlinuz 和引导扇区的映射文件等
3	/boot/grub2	包含一些引导模块文件和启动菜单文件 grub.cfg
4	/dev	存放设备文件
5	/etc	连同其子目录包含系统配置文件。此目录中一些重要的文件有 passwd、group、hosts、resolv、conf、rc.local、profile、fstab、ld.so.conf
6	/etc/pam.d	用户登录验证密码时用到的配置文件
7	/etc/default	一些系统默认的配置文件,如此目录下的 useradd 文件定义了创建用户的一些默认参数,如创建用户时没有指定登录 Shell,就采用此文件中定义的默认 Shell 程序
8	/etc/profile.d	用户登录时执行的脚本程序,用于完成一些初始化工作。由/etc/profile 调用执行这里的程序,程序的扩展名必须为 sh
9	/etc/skel	存放了普通用户模板文件,如.bash_logout、.bash_profile、.bashrc。创建用户时,此目录下的文件被原封不动地复制到新建用户的家目录中
10	/etc/systemd	存放系统管理员制定的服务单元配置文件(具体参考"6.5 服务管理")
11	/home	包含了普通用户的家目录(这个目录是可选的,即/home 目录对于 Linux 系统不是必需的)
12	/lib	存放必需的共享库和内核模块,如动态 C 库 libc.so.* 和装载器 ld*
13	/lib/modules	存放了内核模块(可选)
14	/lost+found/	如果上次非正常关机有文件遭到破坏,那么重启之后修复的这些文件将放在这里。如果发现里面有文件,在确认正确后可以把它备份并覆盖被破坏的原始文件
15	/media	可移动存储介质的挂载点,如光盘、U 盘、ZIP 盘等。当放入光盘或者插入 U 盘,系统会把它们自动挂载在这个目录下的相应子目录上
16	/mnt	文件系统的临时挂载点,提供给管理员使用。不要在这里创建子目录和文件
17	/opt	安装由第三方机构提供的应用软件,每个应用软件必须创建一个单独的子目录。如 ARM 公司的集成开发环境 RVDS 4.0 安装在/opt/ARM 中。/opt/bin、/opt/doc、/opt/include、/opt/info、/opt/lib 和/opt/man 子目录保留,所以不要手工创建这些目录
18	/proc	这个目录专门用于挂载 proc 类型的虚拟文件系统,该系统包含了内存中内核和进程的信息。这是一个通过文件来查看内存信息的窗口
19	/root	超级用户 root 的家目录(可选)
20	/sbin	包含了硬盘分区、格式化以及启动、关闭、还原、恢复或修复系统所必需的全部命令。系统管理员使用的命令保存在/sbin、/usr/sbin 和/usr/local/sbin 中
21	/srv	包含了网络服务软件的数据文件,如 WWW、CVS、FTP 等服务的工作目录
22	/sys	专门挂载 sysfs 类型的基于内存的文件系统,sysfs 文件系统给应用程序提供了统一访问设备的接口

续表

序号	目　录	说　明
23	/tmp	专门存放进程产生的临时文件,建议重启时清空该目录。Ubuntu 在启动时会自动删除此目录下的全部内容,红帽不会自动删除
24	/usr	这是根文件系统中第二个重要的目录,存放共享的静态库文件、头文件和在线文档文件
25	/usr/bin	存放绝大多数的用户命令
26	/usr/include	C/C++等语言的系统头文件存放地
27	/usr/lib	存放 C/C++等语言编译库,而/lib 是动态库或称共享库或称运行时库,编译程序时需要前者,运行程序时需要后者
28	/usr/sbin	非紧要的系统命令
29	/usr/src	存放源代码文件(可选)
30	/usr/share	与硬件架构无关的共享静态文件,如 man 帮助文件
31	/var	保存一些经常变化的数据文件
32	/var/log	保存日志文件,如系统日志文件 messages(红帽)或 syslog(Ubuntu)。日志文件记载了 Linux 的运行日志,当处理问题时,经常会先查看登记在这些日志文件中的错误信息,然后才能有的放矢地处理问题
33	/var/run	与进程执行有关的数据文件
34	/var/lock	一些程序运行时用到的锁文件

4.2 文件分类与权限

4.2.1 文件分类

Linux 根文件系统只包含目录和文件(在 Linux 下目录也是一种文件),再也没有其他的东西了。对于目录和文件的再分类如图 4.2 所示。

在一个分区里,只有一个根目录"/",即树根只有一个,而其他目录都有很多,例如目录/home、/etc/default、/usr/share/doc 都是绝对目录,在目录树中,绝对目录的起点是树根"/";再例如".."".""abc""./abc/123""../usr/sbin"都是相对目录,相对目录的起点是用户的当前目录"./"。绝对目录和相对目录有时又称为绝对路径和相对路径,绝对路径和相对路径可以互相换算,假如用户当前处于图 4.1 所示目录树的 cache 目录中,相对路径../crash 等价于绝对路径/var/crash,即执行命令 cd../crash 和命令 cd/var/crash 都进入相同的目录。用户登录后自动进入的目录是他的家目录,此后可以使用命令 cd 进入其他目录(即目录漫游),表 4.2 所示是目录漫游举例,表 4.3 所示是目录管理举例。

- 目录
  - 根目录:/
  - 当前目录:.或者./
  - 父目录:..或者../
  - 绝对目录:以"/"开头的目录
  - 相对目录:以非"/"开头的目录
- 文件
  - 普通文件
  - 链接文件
  - 设备文件
  - 套接字开头
  - 管道文件

图 4.2　目录和文件分类

表 4.2 目录漫游举例

序号	命 令	说 明
1	cd /tmp	进入根目录下的 tmp 子目录
2	cd /etc/default	进入根目录下的 etc 子目录下的 default 子目录
3	cd 或 cd ~或 cd $HOME	回到家目录。~和 $HOME 都表示家目录
4	cd ../	进入父目录(上一层目录)
5	cd abc/123	进入当前目录下的 abc 子目录下的 123 子目录
6	cd -	返回上一次离开的那个目录
7	cd ../../	进入父目录的父目录(爷目录)
8	cd ../../etc/ssh	进入爷目录下的 etc 子目录下的 ssh 子目录。如果当前目录是/home/zsan,目的地目录就是/etc/ssh
9	cd ../usr/doc/../../boot	如果当前目录是/tmp,那么最终进入的目录就是/boot

表 4.3 目录管理举例

序号	命 令	说 明
1	mkdir /tmp/abc	在/tmp 下创建一个子目录 abc
2	mkdir -p a/b/c/p	在当前目录下一次性创建多层目录 a/b/c/p
3	mkdir 321	在当前目录下创建 321 目录
4	rm -r 321 file	同时删除目录 321 和 file
5	rm -rf optr	不提出警告,直接删除 optr,如果 optr 不存在就报错

Linux 下的文件种类比较多,不能根据文件名后缀来判断文件类型,需要根据属性来判断或者采用命令"file <文件名>"判断,文件名首字母为"."的文件是隐藏文件。

"普通文件"是用一些相关的应用程序(例如图像工具、文档工具、归档工具……或 cp 工具等)创建的文件,Linux 系统下大部分文件是普通文件。

"设备文件"存放在/dev 目录中,用命令 mknod 创建,没有大小,但附有主/次设备号。在 Linux 下,每个硬盘至少对应一个设备文件,设备文件是应用程序调用设备驱动的接口,例如编程时打开一个设备文件,然后读写,最后关闭,其实是调用了设备驱动的相应接口函数。在 Linux 系统中,网卡设备命名有点特殊,不存在网卡设备文件,命令规则为 enp*X*s*Y*,en 代表以太网,p 代表总线,s 代表槽位,如 enp0s3,表示 0 号总线 3 号槽位上的以太网卡。

"管道文件"又叫命名管道,是实现在同一台计算机上两个进程之间进行通信的机制——一个进程以"读"方式打开一个管道文件,另一个进程以"写"方式打开同一个管道文件,此后它们就可以互相通信了。创建命名管道文件的命令是 mkfifo,例如 mkfifo pipe1,即在当前目录下创建命名管道文件 pipe1。

"套接字文件"是实现进程间通信的机制(要通过 TCP/IP 协议栈)之一,与命名管道不同的是,通信双方不一定要在同一台计算机上。创建套接字文件需要通过编程(调用 socket 函数)来完成,具体参见"10.2.3 网络编程"。

"链接文件"分为硬链接文件和符号链接文件,可以理解为"指针",只不过硬链接是指向另一个文件体,而符号链接是指向另一个文件名,示意图如图 4.3 所示。

从图 4.3 可知,对于符号链接,当删除被链接文件后,文件内容一并被删掉,此时链接文件将是空文件——没有内容;相反对于硬链接,不管是删除被链接文件还是链接文件,都不

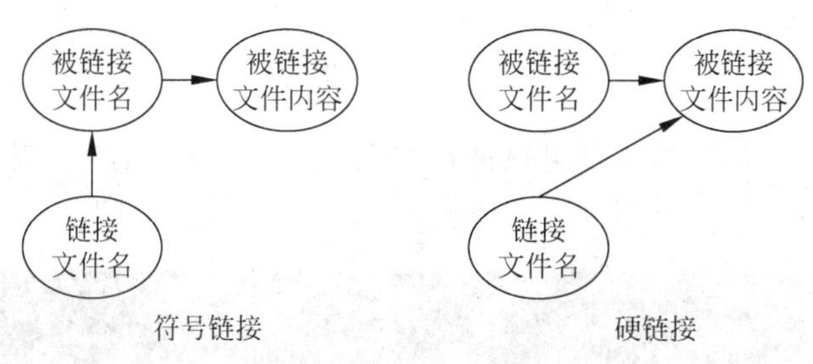

图 4.3 两种链接文件类型

会删除文件内容，只有当被链接文件和全部的链接文件都被删除后，被链接文件内容才被删除。链接文件相当于一个人的小名，一个人的小名和学名都是指同一个人。

建立符号链接文件的命令格式是：

```
ln -s 被链接文件名 链接文件名
```

例如命令 ln -s /etc/profile /tmp/file.123 就是创建一个指向/etc/profile 的符号链接文件/tmp/file.123。

建立硬链接文件的命令也是 ln，只不过不用参数-s，例如命令 ln ../abc./321 在当前目录下创建一个硬链接文件 321，它指向父目录下的文件 abc 的文件体。

对于同一个文件，例如 file，可以创建多个指向它的符号链接文件，还可以再创建多个指向它的硬链接文件。符号链接可以跨磁盘分区(或者跨文件系统)，而硬链接不可以；可以对目录建立符号链接，但不能对目录建立硬链接。文件操作命令举例如表 4.4 所示。

表 4.4 文件操作命令举例

序号	命 令	说 明
1	cp <源文件><目的文件>	文件复制命令，要求源文件事先存在
2	cp file.txt file.old	复制当前目录下的文件 file.txt 到 file.old
3	cp /etc/profile /tmp	把文件/etc/profile 复制到/tmp 目录下
4	cp 123.jpg ../	把当前目录下的文件 123.jpg 复制到父目录下
5	cp -r /etc/init.d ./	把整个目录/etc/init.d 复制到当前目录下
6	mv <源文件><目的文件>	文件或目录移动命令，要求源文件存在，目的文件不存在
7	mv file.txt file.new	把当前目录下的文件 file.txt 改名为 file.new
8	mv /tmp/profile /home	把/tmp 目录下的文件 profile 移动到/home 目录中
9	mv ~/abc/ /tmp/	把家目录中的 abc 子目录移动到/tmp 目录中
10	rm [-r] <文件>	删除文件和目录
11	rm file.txt 123.txt	同时删除 file.txt 和 123.txt 两个文件
12	rm /tmp/abc	删除/tmp/abc 文件。加选项-f 表示强行删除，不用确认。例如 rm -rf /tmp/342
13	rm -r 123	删除目录 123
14	cat /etc/profile	显示/etc/profile 文件的内容
15	more /etc/profile	分页显示文件/etc/profile 文件的内容，按 Space 键向后翻页，按 b 键向前翻页，按 q 键退出
16	head file.txt	显示文件 file.txt 的前 10 行
17	tail file.txt	显示文件 file.txt 的后 10 行

4.2.2 文件权限

赋予文件权限的目的是为了对用户进行权限控制，用命令 ls -la 列出当前目录下的文件，结果如图 4.4 所示。

```
drwxr-xr-x    3 root    root      4096 Dec 12 07:38 ./
drwxrwxrwt   13 root    root      4096 Dec 12 07:38 ../
-rw-r--r--    1 osadmin users     1021 Dec 12 07:38 abc
-rwxr-xr-x    1 root    root    448312 Dec 12 07:38 bash*
drwxr-xr-x    2 root    root      4096 Dec 12 07:38 test/
0 1           2 3       4            5      6         7
```

图 4.4　文件属性

图 4.4 中一行代表一个文件，共有 5 个文件，每一行分成 8 部分，每部分定义如下。

(1) 0：指明文件类型。d 表示目录，-表示普通文件，l 表示连接文件，b 表示块设备文件，c 表示字符设备，p 表示管道文件，s 表示套接字文件。

(2) 1：权限。r 表示读，w 表示写，x 表示执行，-表示无权限，s|S 表示权限临时切换，t|T 表示任何用户能存取文件。权限部分用 9 个字符表示，平均分成 3 组，这 3 组从左至右分别定义文件的主人、组群成员和其他人的权限。例如，图 4.4 中的第 3 行定义的权限是 rw-r--r--，分成 3 组就是 rw-、r--、r--，其中 rw-定义文件的主人 osadmin 的权限，具有可读可写的权限，r--定义组群 users 的权限，组中的成员只能读，其他人也只能读(即 r--)。

(3) 2：表示目录中的文件数目或文件的硬链接数。

(4) 3：文件的主人。

(5) 4：文件的组群。

(6) 5：如果是普通文件则表示大小，如果是目录则表示该目录包含的文件名所占据的大小(4096 字节的整数倍，但至少 4096 个字节)。

(7) 6：文件或目录最近修改的日期。

(8) 7：文件名或目录名。

权限有两种表示方法：用字母表示的权限(字母权限)和用数字表示的权限(数字权限)，从字母权限推导数字权限的方法如图 4.5 所示。

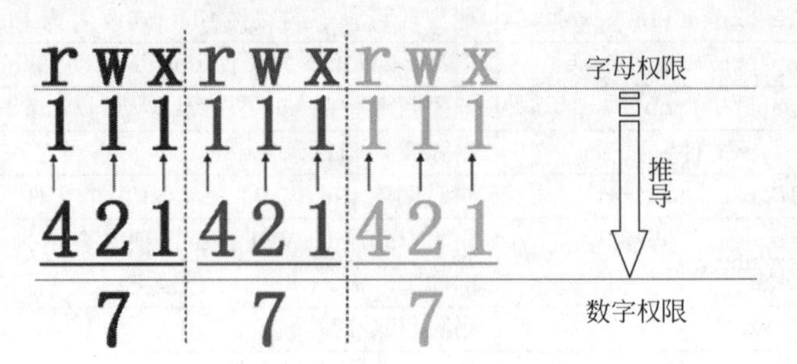

图 4.5　从字母权限推导数字权限

从图 4.5 可以看出，先把字母权限转换为二进制：遇“-”转换为 0，其他转换为 1。例如：

```
r w x - - x r w -
```

```
1 1 1 0 0 1 1 1 0
    7     1     6
```

然后把9位二进制数等分为3段,每段3位,求出每段二进制数对应的十进制数,最后合并在一起即得到等价的数字权限,本例中,字母权限 rwx--xrw-对应的数字权限就是716。三位二进制数转换为十进制数有一个简便的方法,就是把"1"上的权重相加,例如:

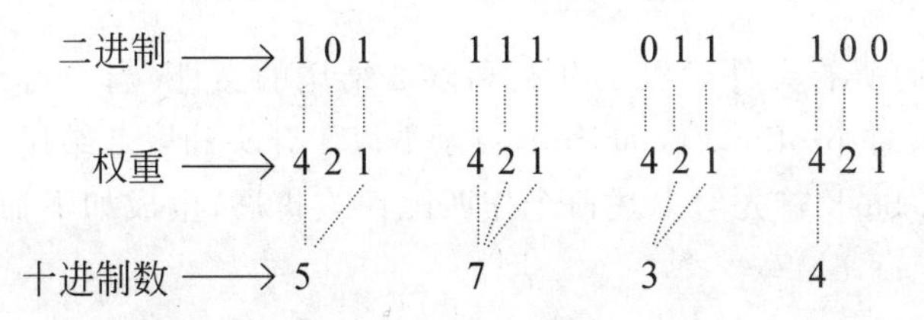

文件权限管理举例,如表4.5所示。

表4.5 文件权限管理举例

序号	命 令	说 明
1	chmod[-R] <权限 > <文件>	修改文件或者目录的权限
2	chmod 644 file	修改文件 file 的权限为 rw-r--r--
3	chmod -R 755 ./abc	把目录 abc 及其子目录下的全部文件的权限改成 755
4	chmod u+x 123	赋予文件 123 的主人可执行权限。u 表示主人,g 表示组,o 表示其他人。"+"增加权限,"-"减少权限
5	chmod +x,u+w /tmp/profi	让所有用户对/tmp/profi 具有执行的权限,赋予主人写的权限
6	chmod u-x,g+rw,o-w file	对 file 权限做如下修改:剥夺主人执行权限、赋予组群中的成员读写权限、剥夺其他人的写权限
7	chown[-R] <账号> <文件>	修改文件的主人。-R 参数的意义同上
8	chown zsan file	修改 file 的主人为用户 zsan
9	chown -R lisi abc	递归修改目录 abc 下全部文件的主人为用户 lisi
10	chown zsan:class1 profile	profile 的主人改成 zsan,组群改正 class1
11	chgrp[-R] <组群> <文件>	修改文件的组群。-R 参数的意义同上
12	chgrp class2 file	修改 file 的组群为 class2
13	chgrp -R grade abc	递归修改目录 abc 的组群为 grade

注意:chmod、chown、chgrp 三个命令还有更多的选项,可以使用命名 man 获取帮助信息。

4.3 文件管理

文件管理主要涉及文件操作的方方面面,这里再补充一些。

4.3.1 文件通配符

根据"3.4.1 用户登录过程"可知,用户成功登录 Linux 系统后一直在登录 Shell 程序的控制之下,这个登录 Shell 程序默认就是/bin/bash,它不断读取用户输入的命令并执行命令。Bash依次扫描命令行上用户输入的每一个参数,当一个没有被引号括住的参数中出现字符“*”“?”和[…]且没有转义符(前加“\”字符)时,Bash认为该参数是一个匹配模式,从而把它替换成匹配成功的那些文件名,并按字母顺序对文件名排序,如果没有匹配成功的文件,那么就删除这个参数,最后才执行命令行上的命令。例如,在命令行上输入如下命令并回车:

```
rm  -rf  /tmp/1*2  "1*2"  /etc/profile
```

此命令就是删除/tmp目录下的所有文件名以1开头和以2结尾的文件、当前目录下1*2这个文件以及/etc目录下的文件profile。假如/tmp目录下以1开头和以2结尾的文件有132和1wlm2两个文件,那么bash首先对上述命令作匹配模式扩展,生成如下命令,然后再去执行它。

```
rm  -rf  /tmp/132  /tmp/1wlm2  1*2  /etc/profile
```

“*”“?”和[…]就是文件通配符,其中,“*”匹配0个或多个字符,“?”匹配1个字符,[…]只匹配其中的一个字符,[!…]或者[^…]不匹配其中的任何一个字符,中括号内允许出现的表达式有以下几种。

(1) 枚举表达式:直接列出需要匹配的全部字符,如[A1jdf,9]。

(2) 范围表达式:如[a-z]、[0-9]、[A-K]等。当“-”出现在[]内首位或末尾时视作普通字符,当[和]位于[]内首位时也被视作普通字符。

(3) 字符类表达式[:class:]:Linux中的字符类有alnum(字母和数字)、ALPHA(字母)、ASCII、blank(空白字符)、cntrl(控制字符)、digit(数字)、graph(打印字符,不含空格)、lower(小写字母)、print(打印字符,含空格)、punct(标点符号)、space(空格)、upper(大写字母)、word(单词)、xdigit(十六进制数字)。例如[[:alnum:]]、[[:digit:]]等。

例如:

```
[[a-g692W-Z-]和[!jadf,8knG]以及[1-6[:upper:]]
```

前者匹配字符a、b、c、d、e、f、g、6、9、2、W、X、Y、Z;中者不匹配字符j、a、d、f、8、k、n、G。后者匹配1～6以及所有的大写字母。

例如命令:

```
cp  /tmp/[a-z]*[!0-9]./
```

即把/tmp目录下的文件名以小写字母开始且不是以数字结尾的全部文件复制到当前目录下。

再例如命令:

```
rm  -rf  /tmp/*.conf
```

即删除/tmp目录中全部的以.conf结尾的文件和目录。

4.3.2 文件操作

对于文件和目录的创建、删除和查看前面已经介绍过,这里再介绍一下列举文件和打包压缩命令,如表4.6所示。

表 4.6　ls 和 tar 命令

序号	命　令	说　明
1	ls [<参数>] [<文件>]	列出文件或目录命令
2	ls	以列方式列出当前目录下的文件和目录
3	ls -F	意义同上，但目录用“/”标注，ls-F /etc/init. d 以同样的方式列出/etc/init. d 目录下的内容
4	ls -l	以行方式列出当前目录下的文件的详细信息
5	ls -la	意义同上，但隐藏文件也显示出来
6	ls -lt	按文件修改时间排序显示
7	ls -lS	按文件大小排序显示
8	ls -lh	文件大小转换为人们易读的方式显示，如 KB、MB、GB
10	ls -R	递归显示下层目录中的内容
11	tar <参数> <包名> [<文件>]	对文件和目录进行打包压缩或者反方向操作
12	tar -cvf abc.tar /etc/*.conf	把/etc 目录下所有以. conf 结尾的文件打包成一个文件 abc. tar，abc. tar 就在当前目录下
13	tar -xvf abc.tar	把 abc. tar 包中的文件解包出来并放在当前目录下
14	tar -tvf file1.tar	显示包中的文件
15	tar -czf file.tar.gz./123	打包目录. /123，然后压缩包（gzip 压缩格式）
16	tar -xf file.tar.gz	解压并解包（gzip 压缩格式），解压并解包后的文件在当前目录下。注：解压任何压缩格式的文件，都可用 -xf 参数
17	tar -cjf file.tar.bz2 /etc/	对目录/etc 打包并压缩成 file. tar. bz2（bzip2 压缩格式）
18	tar -xjf /tmp/etc.tar.bz2	解压并解包/tmp/etc. tar. bz2（bzip2 压缩格式）
19	tar -cJf etc.tar.xz/etc/default	打包并以 xz 工具压缩。xz 压缩工具压缩率最高

ls 命令的参数还有很多，这些参数都可以合在一起使用，例如 ls -laSh。如果省略“<文件>”，那么列出当前目录的内容，否则就列出指定的那些文件或者目录下的内容，例如“ls -lat /tmp”列出/tmp 下的内容，“ls -F * [0-9]”列出当前目录中以数字结尾的文件，“ls -la /etc/init. d/S[[：digit：]a-z] * ”列出/etc/init. d 目录下的以 S 开头然后出现一个数字或者小写字母的所有文件。

4.4　新建文件系统

安装 Linux 后如何添加新分区，或者计算机新增加硬盘后如何在 Linux 中使用？这是本节要解决的问题，具体包括分区、分区格式化、挂载分区和卸载分区等。下面以“在 sdb 硬盘上增加两个分区”为例介绍一般过程，如表 4.7 所示。

表 4.7　新建分区的操作步骤

序号	步　骤	说　明
1	认识存储设备命名	/dev/sda~/dev/sdz　/dev/cdrom /dev/hda~/dev/hdz　/dev/scr0~/dev/scrn 硬盘和 U 盘遵循统一的命名规则，即/dev/sda、/dev/sdb、/dev/sdc、/dev/sdd、……

续表

序号	步　骤	说　明	
2	分区操作	parted -l parted /dev/sdb (parted)mklabel gpt (parted)mkpart primary ext4 0MB 30% (parted)mkpart primary 200GB 400GB (parted)print (parted)quit	#找到新加硬盘的设备文件,如/dev/sdb #对硬盘/dev/sdb进行分区 #采用GPT分区格式 #新增分区占用硬盘开始的30%空间 #在新增分区,占用从200GB~400GB的空间 #显示分区表信息 #退出分区操作
3	创建文件系统	mkfs.ext4 /dev/sdb1 mkfs.msdos /dev/sdb2	
4	挂载	mkdir /opt/{abc,123} mount /dev/sdb1 /opt/abc mount /dev/sdb2 /opt/123	#创建两个目录/opt/abc和/opt/123
5	使用	操作目录/opt/abc就是操作/dev/sdb1分区,例如往这个目录复制文件实际上就是往分区中复制文件。操作/opt/123就是操作/dev/sdb2分区	
6	卸载和修复	df -T findmnt umount /dev/sdb1 umount /dev/sdb2 fsck -y /dev/sdb1	#显示已经挂载的全部分区 #以属性结构显示已经挂载的全部文件系统 #卸载分区/dev/sdb1 #修复遭到破坏的文件系统

表4.7中第3步中的/dev/sdb1和/dev/sdb2只是举例说明,在实际的操作过程中可能是其他的分区名。

首先要搞清楚外存设备的命名规则,在Linux中,U盘被视为SATA硬盘,所以命名规则与SATA硬盘一样。如果新增一块硬盘,那么使用命令parted -l可以列出新增硬盘的设备文件名。

对硬盘分区和格式化要特别小心,以免丢失重要数据。分区工具parted有点复杂,具体使用参考本书的"附录E:硬盘分区和格式化实训"部分,在分区上创建文件系统就是对分区进行格式化,格式化时要指定文件系统类型。在Linux中,常见的类型有ext3、ext4、ext2、xfs、btrfs等。也可以采用如下格式化命令:

```
mkfs -t <文件系统类型> <分区设备文件名>
```

如mkfs -t ext4 /dev/sda6。

格式化了的分区就可以挂载到根文件系统的某个空目录上,然后往这个目录复制文件实际上就是向分区复制文件。可以卸载一个"空闲"分区,所谓的"空闲"是指被挂载分区的那个目录目前没有人用——没有用户进入那个目录,也没有进程打开目录中的文件。

当分区遭到破坏时,有可能挂载失败,这时就要修复分区,常用的修复工具是fsck,不带参数只是检查,如果带参数-y就同时修复。

把分区文件名按一定格式加到/etc/fstab文件中,可以实现开关机自动挂载和卸载。如下所示:

```
# <file system>  <mount point>  <type>  <options>                   <dump>  <pass>
proc             /proc          proc    nodev,noexec,nosuid         0       0
/dev/sda2        /              ext3    errors = remount-ro         0       1
/dev/sda1        none           swap    sw                          0       0
/dev/sdb1        /opt/abc       ext3    defaults                    0       0
```

上面的加粗部分是作者新加的一个分区信息,最主要的是前 3 个参数:/dev/sdb1 表示分区的设备文件名,/opt/abc 表示分区挂载的空目录,ext3 表示分区被格式化为 ext3 文件系统。

还可以采用类型为 mount 的“systemd 单元”来实现自动挂载分区,格式可以参考文件/usr/lib/systemd/system/tmp. mount。

4.5 知识拓展与作业

4.5.1 知识拓展

(1) 深入了解文件权限 s|S、t|T。

(2) 深入学习权限掩码命令:umask。

(3) 管理文件扩展属性和访问列表命令:chattr、lsattr、setfacl、getfacl。

(4) 深入学习 parted 磁盘分区工具。

4.5.2 作业

(1) 假如当前目录是/usr/local,请写出与相对目录../share/doc/../abc/../../321 等价的绝对目录,再写出/etc/default 的相对路径。

(2) 请写出 642 和 334 对应的字母权限,写出 r-x--xrw-对应的数字权限。

(3) 连续执行命令:

```
chown student1 file.txt, chgrp grade100 file.txt, chmod 406 file.txt
```

请写出 student1 用户、grade100 组群和其他人对文件 file. txt 所拥有的权限。

(4) 请解释 Bash 的模式匹配:[^0-9]wlm[[:upper:]]*[[83Hb]。

第5章 Vi/Vim

本章学习目标：

- 了解 Vim 的三种工作模式
- 掌握 Vim 的基本命令

Vim 编辑器的功能如此强大，以至于多年来都没有人企图开发其他的编辑器了。可是 Vim 难学，在最初的学习阶段，简直是一场噩梦，但如果能挺过来，那就相当于打开了一个宝库。我用 Vim 十几年了，大概只掌握了 30%的功能，但就这 30%的功能就已经给我的日常工作带来了令人惊讶的高效和便利。

5.1 Vim 介绍

Vim 由荷兰的布莱姆·米勒(Bram Moolenaar)开发，遵循 GPL 开源协议。Vim 的功能非常强大，几乎能够编辑当前所有的文件，可以不用鼠标，只用命令。Vim 的三种模式及其转换如图 5.1 所示。

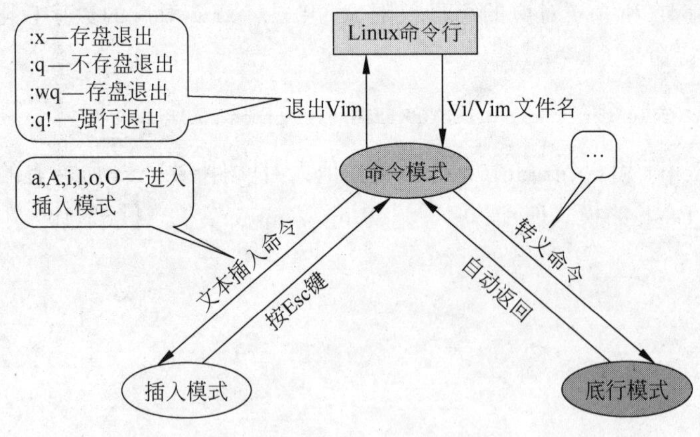

图 5.1　Vim 的三种工作模式

从命令行运行 Vim 命令，首先进入的是命令模式，图 5.2 是不带文件名启动 Vim 的命令模式画面，显示了 Vim 版本号、作者姓名，":help"可以获取 Vim 的在线帮助，":q"表示退出 Vim。

在 Vim 中输入:help 获取帮助，进入帮助界面后光标定位到一个章节(如|usr_03.txt|)，

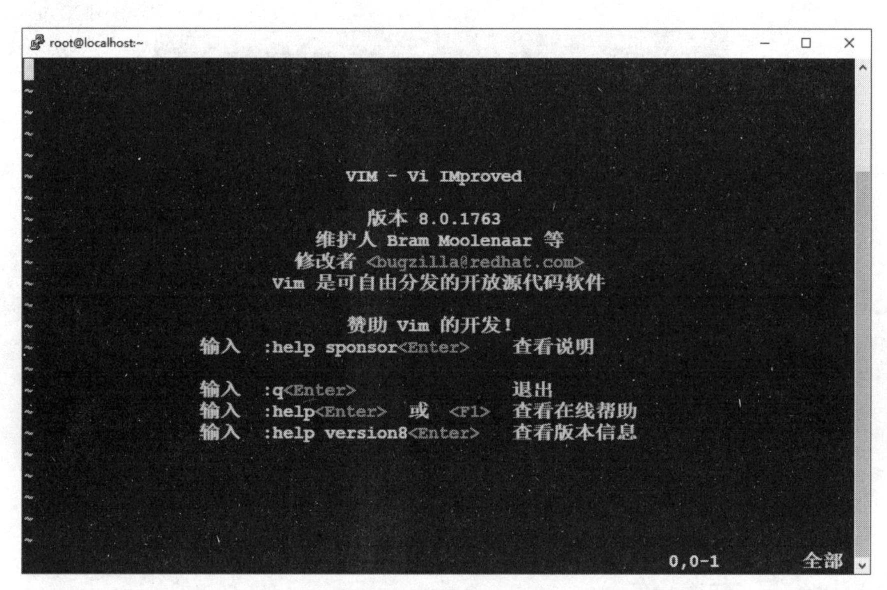

图 5.2 启动 Vim 后的命令模式

然后按组合键 Ctrl+]跳到那个章节，按组合键 Ctrl+T 返回，在帮助文档中搜索关键字：helpgrep < keyword >。

在命令模式下输入 a、A、i、I、o、O 中的任意一个字符就进入插入模式，如图 5.3 所示，注意左下角的“--插入--”字样，表示当前是插入模式，在这个模式下输入的任何文字都将作为编辑内容被显示在屏幕上。

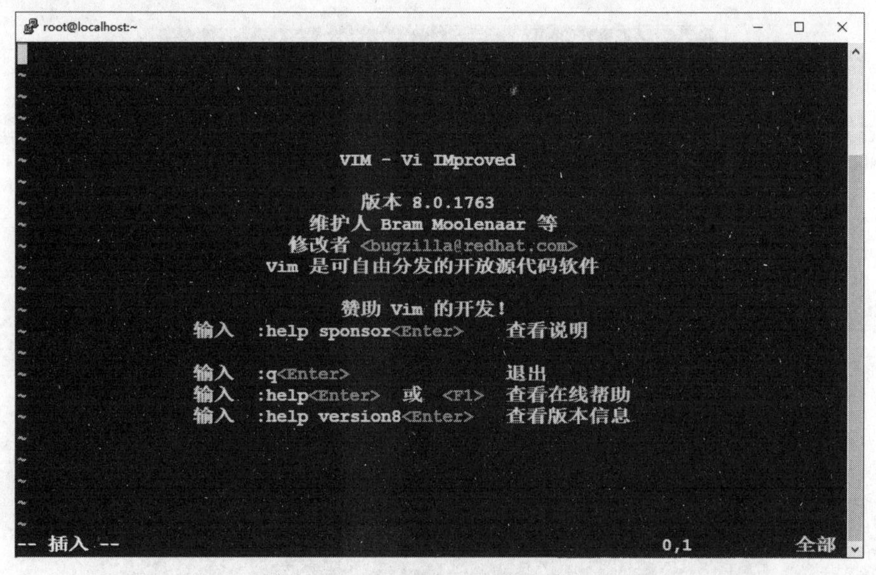

图 5.3 Vim 的插入模式

在插入模式下按 Esc 键返回到命令模式，在命令模式下按“：”(冒号)键进入底行模式，如图 5.4 所示，在底行模式下，可以输入底行命令，回车后开始执行底行命令，执行完后又返回到命令模式，例如底行命令 w 表示存盘、x 表示存盘并退出 Vim 等。

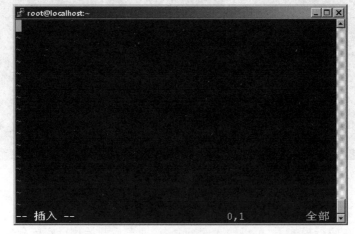

图 5.4　Vim 的底行模式

好了,在图 5.4 的":"处输入 x 并回车,这样就退出 Vim 命令了。

5.2　Vim 基本操作

5.2.1　从一个简单文件入手

现在让我们编辑一个只包含一句话"Hello world!"的文件来开始 Vim 的学习,先执行命令"rm /tmp/file.txt"把可能已经存在的文件删除掉。

(1) 在命令行上输入命令"vim /tmp/file.txt"并回车,如图 5.5 所示。

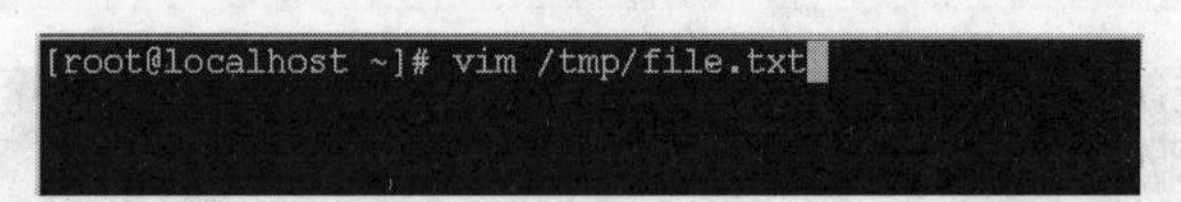

图 5.5　执行 Vim 命令

(2) Vim 首先进入命令模式,按 I 键进入插入模式,如图 5.6 所示。

图 5.6　插入模式

(3) 在插入模式下输入“Hello world!”,如图 5.7 所示。

图 5.7 输入 Hello world!

(4) 按 Esc 键返回到命令模式(连续按多个 Esc 键还是在命令模式),然后按“:”进入底行模式,输入底行命令 x(表示存盘并退出),如图 5.8 所示。

图 5.8 存盘并退出

(5) 回车后,Vim 执行底行命令 x,此命令完成存盘并退出 Vim,从而返回到 Bash 的命令行,如图 5.9 所示。

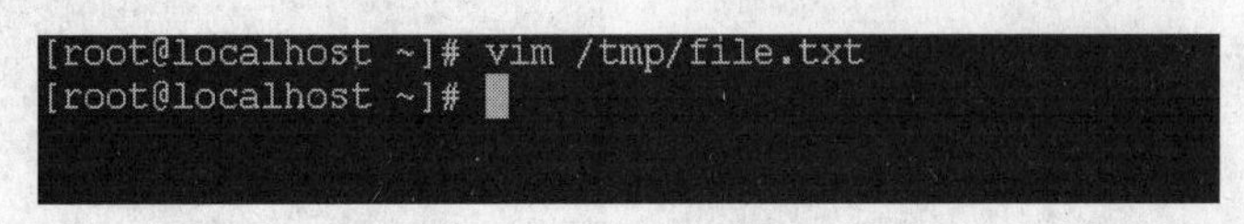

图 5.9 返回到命令行

到此,一个只包含“Hello world!”的文件产生了,这算是采用 Vim 编辑的处女作了。可采用命令“more /tmp/file.txt”查看文件的内容,如图 5.10 所示。

```
root@localhost:~
[root@localhost ~]# vim /tmp/file.txt
[root@localhost ~]# more /tmp/file.txt
Hello world!
[root@localhost ~]#
```

图 5.10　查看文件内容

5.2.2 基本操作

进入 Vim 后,各种编辑命令少说也有上百个,熟练掌握如此众多的命令绝非一朝一夕的事,需要智力、体力和耐力,要像鲁班学艺般勤奋。下面开始由易到难用实例来讲述 Vim 的用法。表 5.1～表 5.8 列举了 Vim 的常用编辑命令。

表 5.1　设置 Vim 的工作环境

序号	Vim 命令	说　明
1	set autoindent	自动缩进
2	set nu	显示行号
3	set ts=4	设置一个 Tab 键等于 4 个空格
4	syntax enable	语法高亮显示
5	set wrap	折行显示(超过屏幕宽度的行分成多行显示)
6	set hlsearch	高亮显示匹配的单词
7	set no *	取消设置。例如: set nonu 不显示行号,set nowrap 不折行等
8	help	获取帮助信息

设置 Vim 的工作环境有两种方法,一是直接作为底行命令,二是把环境设置命令加到一个"～/.vimrc"文件中,这样 Vim 启动时会自动读取此文件并设置好环境。如图 5.11 所示就是在底行执行环境设置命令 set nu(见图 5.11(a))来显示行号(见图 5.11(b))。

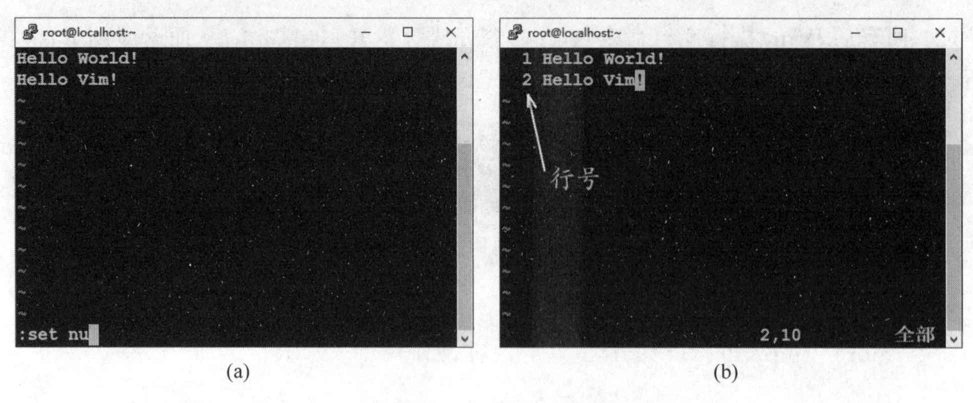

图 5.11　显示行号

强烈建议采用第二种方法，即把需要工作环境设置命令放到"～/.vimrc"文件中，Vim在启动的时候都会先执行这个文件中的命令。例如，"～/.vimrc"内容如下：

```
set autoindent
syntax enable
syntax on
set nu
set nowrap
set sw = 4 ts = 4
set softtabstop = 4
set shiftwidth = 4
set expandtab
set hlsearch
set ruler
set showcmd
set cindent
set smartindent
set tabstop = 4
set expandtab
set cinoptions = {0,1s,t0,n-2,p2s,(03s, = .5s,> 1s, = 1s,:1s
filetype on
colorscheme desert
```

注意："vimrc"文件中不能出现错误命令，否则启动 Vim 就会报错，建议删除".vimrc"再重新产生此文件。

表 5.2 进入插入模式（在命令模式下）

序号	Vim 命令	说 明
1	i	在当前位置（光标所在的位置）前插入
2	I	在光标所在的行首插入
3	a	在当前位置（光标所在的位置）后插入
4	A	在光标所在的行尾插入
5	o	在当前行下方插入一空行，同时进入插入模式
6	O	在当前行上方插入一空行，同时进入插入模式
7	C	先删除到行尾的全部字符，然后进入插入模式

注意：这些命令只在命令模式下有效，在插入模式下就相当于普通字符。

表 5.3 移动光标（在命令模式下）

序号	Vim 命令	说 明
1	h,j,k,l	上、下、左、右移动光标。不建议采用光标键
2	Ctrl + F	上翻页
3	Ctrl + B	下翻页
4	%	跳到匹配的括号处，如光标目前在"{"处，按%后跳到对应的"}"处
5	^	跳到行首
6	$	跳到行尾

续表

序号	Vim 命令	说　明
7	gg	跳到文件第一行
8	[n]G	跳到第 n 行或者文件末尾(省略[n]时),例如 10G 就是跳到第 10 行
9	''	(连续两个单引号)跳到上一次的位置
10	m<标签>	在光标所在行定义一个标签,标签只能是一个字母,如 ma 定义一个标签 a
11	'<标签>	光标跳到<标签>处。如“'b”跳到之前已经定义的标签 b 处

表 5.4　查找和替换(在命令模式下)

序号	Vim 命令	说　明
1	/wlm	往屏幕下方查找 wlm,此后按 n 继续查找下一个(如果文件中包含多个 wlm),如果找到文件末尾还继续按 n,则又从头开始找
2	?key12	往屏幕上方查找 key12,此后按 n 继续查找下一个(如果文件中包含多个 key12)
3	:g/old1/s//new3/g	文件中所有的 old1 替换成 new3
4	:g/old/s//news/gc	类似上面的命令,但替换前要确认
5	:10,40g/abc/s//1234/g	10 行～40 行的 abc 替换成 1234

如果替换的关键字中包含“/”字符,要在前面加一个转义符“\”,例如把所有 6|5 替换为 6/5,采用底行命令就是“:g/6|5/s//6\/5/g”。

表 5.5　存盘与退出(在命令模式下)

序号	Vim 命令	说　明
1	:x	存盘并退出
2	:q!	不存盘强行退出,如果没有改动,可以直接:q 退出
3	:w	存盘不退出
4	:wq	存盘并退出(效果与:x 相同)
5	:w newfile.txt	另存为 newfile.txt
6	Ctrl + Z	把 Vim 切换到后台(此后在 Bash 命令行执行 fg 切换回来),前后台更详细的内容参见“6.3.5 进程及任务管理相关命令”

在长时间编辑文件时,经常采用“:w”存盘是一个好习惯。在用 Vim 写程序代码时,如果要编译代码,建议采用 Ctrl＋Z 把 Vim 临时切到后台,这样可在前台编译程序了。

表 5.6　复制粘贴与删除(在命令模式下)

序号	Vim 命令	说　明
1	dd	删除光标所在的一行,并同时做了复制
2	9dd	删除光标及光标之下的 9 行
3	d'<标签>	删除从光标到<标签>间的所有行,如“d'g”,其中 g 是已定义的标签(如何定义标签,请参见表 5.3 中的第 10 行)
4	x	删除光标所在的一个字符
5	dw	删除一个单词
6	D	删除从光标到行尾的全部字符(Shift＋D 快捷键就是快速输入大写 D)

续表

序号	Vim 命令	说 明
7	yy	复制 1 行(光标所在的行)
8	5yy	复制光标所在的行及以下的 4 行(一共 5 行)
9	"a8yy	复制光标及以下的 8 行到命名寄存器 a 中,命名寄存器可以用 a～z 和 0～9 中任何一个字符表示,一般用字母命令比较好
10	$ y	复制从光标处到行尾的字符
11	p	把复制的内容或删除的内容粘贴到光标所在行的下面
12	P	把复制的内容或删除的内容粘贴到光标所在行的上面
13	"bp	把命名寄存器 b 中的内容粘贴到当前行的下面。先要把内容复制到命名寄存器 b(参考本表第 8 条命令)
14	"dP	把命名寄存器 d 中的内容粘贴到当前行的上面

表 5.7 编辑命令(在命令模式下)

序号	Vim 命令	说 明
1	r	替换一个字符。如 rD,则把当前位置的字符替换为 D
2	J	合并两行(把下面一行拼接在当前行末尾)
3	cc 或者 S	替换一行
4	cw	替换一个单词
5	u	撤销之前的操作。可以连续按 u 一直撤销前面的操作
6	Ctrl + R	重做(效果与 u 命令相反)
7	.	重复上一次操作
8	～	字母大小写转换
9	>>	右移一个 Tab(缩进)
10	<<	左移一个 Tab
11	==	(两个等号)自动更正缩进
12	gg = G	按缩进格式进行全文整理。尤其适合整理程序源代码

表 5.8 多文件编辑

序号	Vim 命令	说 明
1	vim file1 file2 file3	同时编辑三个文件(用底行命令":n"切换到下一个,":rew"跳回到第一个)
2	vim -o file1 file2	把整个屏幕分屏成两个编辑窗口,每一个编辑窗口里编辑一个文件。切换窗口参见本表第 11 条命令
3	:e abc.txt	在 Vim 中临时编辑 abc.txt(Ctrl+^切回到原始文件)
4	:10split file2	水平分屏,新屏幕 10 行,在其中编辑 file2 文件。如果直接":split file2"则是平均分屏
5	:vsplit file.txt	纵向分屏,然后在新屏中编辑 file.txt
6	:tabedit file3	新建一个分页,然后在新页中编辑文件 file3
7	gt	跳到下一个页
8	gT	跳到上一个页
9	:close	关闭当前页或者当前窗口
10	:only	关闭其他所有窗口,只留下当前窗口
11	Ctrl + WW	(同时按住 Ctrl 键和 W 键,然后松手再单独按一次 W 键)在窗口之间切换

续表

序号	Vim 命令	说　明
12	Ctrl + W +	(同时按住 Ctrl 键和 W 键,然后松手再单独按一次+键)增大水平窗口行数
13	Ctrl + W -	减少水平窗口行数
14	10Ctrl + W_	当前窗口调整到 10 行
15	Ctrl + W h|j|k|l	在各个窗口之间移动光标。h-移到右边窗口,l-移到左边窗口
16	:qall!	强行退出所有窗口和页
17	:xall	全部存盘并退出
18	:wall	全部存盘,但不退出

一个物理屏可以分成多个编辑页,一个编辑页又可以分成多个编辑窗口,每一个窗口中可以编辑独立的文件,如图 5.12 所示,分了三个页,第个二页又分成两个编辑窗口,在第一个页中编辑文件 file1.txt,在第二个页中的第一个窗口里编辑文件 abc.txt,第二个窗口里编辑 file2.txt,第三个页里编辑文件 file3.txt,这样同时有 4 个文件处于编辑状态,这时可按 Ctrl+WW 在同一个页的不同窗口切换,按 gt 或者 gT 切换不同的页。

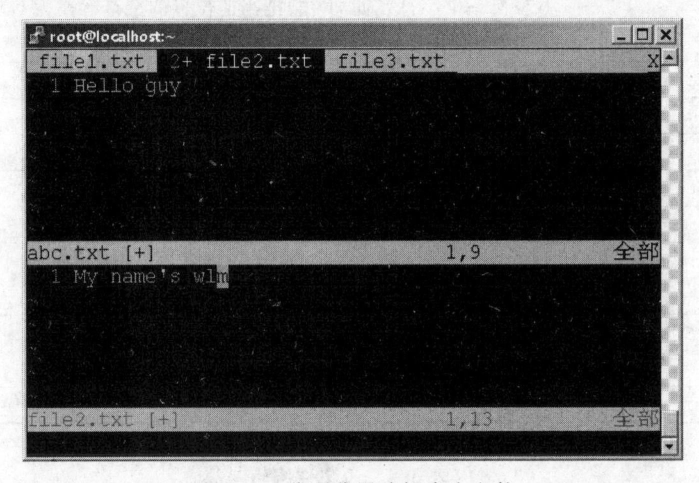

图 5.12　分页分屏编辑多个文件

5.3 知识拓展

(1) 了解另一个比较有名的编辑器 emacs。

(2) Vim 的高级应用:编辑二进制文件,自动化编辑。

第6章 基本命令

本章学习目标：

- 了解 Linux 命令的基本语法
- 掌握常用的 Bash 快捷键
- 掌握命令重定向
- 熟悉最基本的命令用法
- 了解 systemd 机制

看到黑白屏幕上闪动的光标是多么神秘的事情，因为熟练操纵计算机的那个家伙一定是一个令人尊敬的高手，一个个字符就像理查德·克莱德曼弹出的音符那样从他的手指间蹦出。高效、自由、快捷……，这就是 Linux 命令带给我们的，就连一直傲慢的微软都在其最新的 Windows 服务器版中借鉴了 Linux 的命令手法，推出 PowerShell。掌握常用的命令是一个合格 Linux 使用者必备的基本素质。

6.1 命令基本语法与类型

6.1.1 命令类型与语法

Linux 默认安装后的命令超过两千个，这些命令分布在/bin、/sbin、/usr/bin、/usr/sbin 等目录中，平均每个命令可携带 5 个参数，这样“衍生”出了上万种命令用法。但庆幸的是，常用命令不会超过 200 个，最基本的常用命令大概 100 个左右，每个命令最常用的参数平均为 3 个，因此总的最基本“衍生”用法也就 300 个左右。

Linux 命令分为两类：一类是外部命令，另一类是内部命令。外部命令一定对应一个磁盘上的二进制文件，用户在命令行输入命令后，Bash 首先扩展匹配参数，然后再去执行对应的磁盘二进制文件。采用命令 which 可以找到对应的二进制文件所在的目录，例如“which ls”返回/bin/ls，表示外部命令 ls 对应的二进制程序在/bin 目录下。内部命令直接对应 Bash 程序里的代码段(可以理解为函数)，这样 Bash 在扩展命令行匹配参数后直接调用对应的函数代码，显然内部命令执行的效率更高，不带参数运行命令 help 可以列出全部的内部命令。存在一些既是内部命令又是外部命令的情况，例如 test 命令，这时只执行内部命令，因此把磁盘上的二进制文件/usr/bin/test 删除不会影响此命令的执行。

所谓的“命令行”就是用户从字符屏幕上登录后光标所在的那一行，或者在图形屏幕上打开一个终端后光标所在的那一行，如图 6.1 和图 6.2 所示。

```
31 packages can be updated.
21 updates are security updates.

root@wochi-desktop:~#
root@wochi-desktop:~# _
```

图 6.1　字符屏幕里的命令行

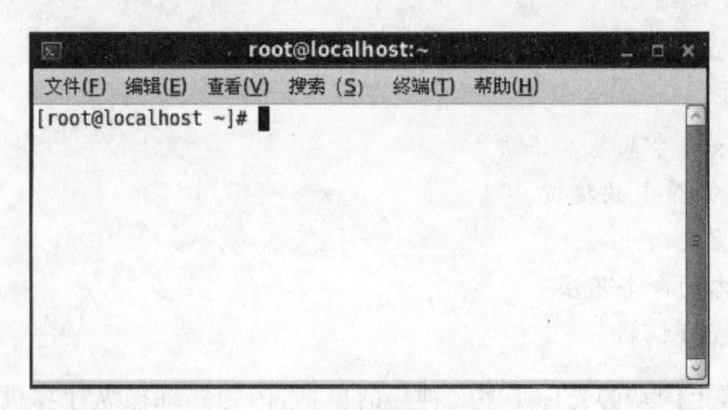

图 6.2　图形终端里的命令行

用户在命令行上输入命令，回车后用户的登录 Shell 程序就读取用户输入的命令串，然后扩展匹配参数，最后执行命令，执行完后又显示命令行，等待用户输入下一个命令。用户默认的登录 Shell 程序就是 Bash。

Bash 在用户环境变量 PATH 所定义的目录中查找外部命令对应的二进制文件，例如 root 用户的 PATH 变量的默认值如下：

```
/usr/local/sbin:/usr/local/bin:/sbin:/bin:/usr/sbin:/usr/bin:/root/bin
```

Bash 从左至右遍历这些目录直到找到同名二进制文件为止，如果遍历完所有的目录还没有找到，Bash 就返回“命令没找到”的错误信息。如果我们编译的程序放在磁盘上的某个其他目录中，这时有两种方法执行它：一是把那个目录加到 PATH 中，然后直接输入程序名即可运行，另一个办法是带路径执行，如在命令行上输入/opt/arm/bin/myprogram 即可运行命令 myprogram，或者先进入目录/opt/arm/bin，然后带相对路径执行，即“./myrpogram”。

Linux 命令语法格式为：

```
<命令> [<参数>] [<目标>]
```

<命令>是必需的，而[<参数>]和[<目标>]可以省略。在讲述 Linux 命令用法时有一个约定俗成的习惯：<…>表示该部分要用实际的内容替换，[…]表示可以省略(可选的)，…|…表示二选一等。

每个命令都允许带若干参数，参数用来影响命令的行为，参数有单字符参数和多字符参数之分，单字符参数前用“-”前导，多字符参数前用“--”前导，加前导字符的目的是为了与命令的“目标”区分开来，例如命令 ls 可带的参数中就有-f，--directory。单字符参数可以合在一起，只加一个前导字符即可，例如命令 ls --la 中的参数--la 实际上是由两个单字符参数合

并而成的，这个命令也可以写成“ls　-l-a”。

6.1.2　在线帮助文档

默认安装后，所有的命令都有在线帮助文档，用 man 可以获取外部命令的帮助信息，help 可以获取内部命令的帮助信息。man 帮助文档很庞大，因此被划分成不同的“节”，每一“节”被赋予唯一序号，可以指定 man 命令只显示特定节中的帮助信息。man 的用法如表 6.1 和表 6.2 所示。

表 6.1　man 帮助文档被划分为章节

序号	节号	说　明
1	1	外部命令帮助信息
2	2	系统调用函数帮助信息(内核提供的接口函数)
3	3	库函数帮助信息
4	4	设备文件帮助信息
5	5	配置文档格式说明信息
6	6	游戏帮助信息
7	7	其他帮助信息
8	8	系统管理命令的帮助信息(一般是 root 使用的命令)
9	9	内核工具帮助信息(非标准)

表 6.2　man 和 help 的用法

序号	命　令	说　明
1	help　[<参数>]　[<内部命令>]	取得内部命令帮助信息
2	help	列出全部内部命令
3	help　alias	取得内部命令 alias 的帮助信息
4	help　-m　break	获取内部命令 break 的详细帮助信息
5	man　[<节号>]　<外部命令>	获取外部命令的帮助信息
6	man　passwd	获取 passwd 命令的帮助信息(默认在 1 号节中查找)
7	man　5　passwd	获取“/etc/passwd”文件的格式说明
8	man　-a　read	找出所有章节中的关于 read 的帮助信息
9	man　3　read	获取 C 语言行数 read 的调用方法
	进入 man 界面后，可以使用快捷键：Space--前翻一页；B--后翻一页；D--前翻半页；U--后翻半页；/pattern--朝朝关键字，n--继续前找，N--继续后找；H--取得帮助；Q--退出 man	

6.2　Bash 快捷键、重定向和管道

6.2.1　历史命令与 Bash 快捷键

命令行其实就是行编辑器——在这里编辑将要执行的命令。在这个小小的编辑器里(只有一行)，Bash 提供了许多快捷键，掌握最常用的几个快捷键并灵活使用，能带来意想不到的高效和便利。表 6.3 列举常用的快捷键。

表 6.3 Bash 快捷键

序号	快 捷 键	说 明
1	Ctrl+A	光标跳到行首(相当于 Home 键)
2	Ctrl+E	光标跳到行尾(相当于 End 键)
3	Ctrl+U	删除从光标位置到行首的所有字符
4	Ctrl+K	删除从光标位置到行尾的所有字符
5	Ctrl+W	删除光标左侧的一个单词
6	Ctrl+L	清屏(相当于执行命令 clear)
7	Ctrl+C	中断当前正在执行的命令
8	Tab	对命令或命令目标进行补齐。例如只记得命令的前几个字母是 stra,那么输入 stra 后按一个 Tab 键,Bash 会自动补齐这个命令为 strace,但如果有多个命令的前四个字母是 stra,那么需要连续按两个 Tab 键,bash 会显示所有以 stra 开头的命令。再例如想进入一个目录,但只记目录开头是/etc/init,这时输完 cd/etc/init 后按 Tab 键,base 会自动补齐这个目录为 cd/etc/init.d,同样当存在多个符合要求的目录时,需要连续按两个 Tab 键 base 会列出全部的匹配目录
9	Ctrl+R	进入历史命令查找状态,然后输入关键字找到符合要求的历史命令,找到后可以编辑或者直接回车执行
10	↑,↓	用上、下光标键查阅历史命令
11	!!	再次执行最近执行的命令
12	! string	再次执行最近的以 string 开头的历史命令,如! man
13	!? string	执行最近的以 string 结尾的历史命令
14	!? string?	执行最近的包含 string 的历史命令
15	! n	执行第 *n* 条历史命令。用 history 查看全部的历史目录
16	! -n	执行倒数第 *n* 个历史命令,如! -15

与历史命令密切相关的两个 Shell 变量是 HISTFILE 和 HISTFILESIZE,前者定义记录历史命令的文件,后者定义记录历史命令的个数。默认值是 HISTFILE=~/.bash_history,HISTFILESIZE=1000,建议把 HISTFILESIZE 的值改成 5000,采用下面命令即可:

```
echo "export HISTFILESIZE = 5000" >>~/.bash_profile
```

然后重新登录或者重启计算机,新的用户环境变量就会开始起作用。

6.2.2 命令重定向

不管是内部命令还是外部命令,最终都是执行一段程序代码,如果把这段代码看成一个黑盒子,那么流入黑盒的信息称为输入,从黑盒流出的信息称为输出。在 Linux 系统中,输入也称为标准输入,默认从键盘输入,输出又分为错误输出和标准输出,默认都是屏幕,如图 6.3 所示。

图 6.3(b)说明用户输入的命令最终都会由 Bash 去找到同名的二进制程序,并执行那个二进制程序。

Linux 执行命令的过程如下。

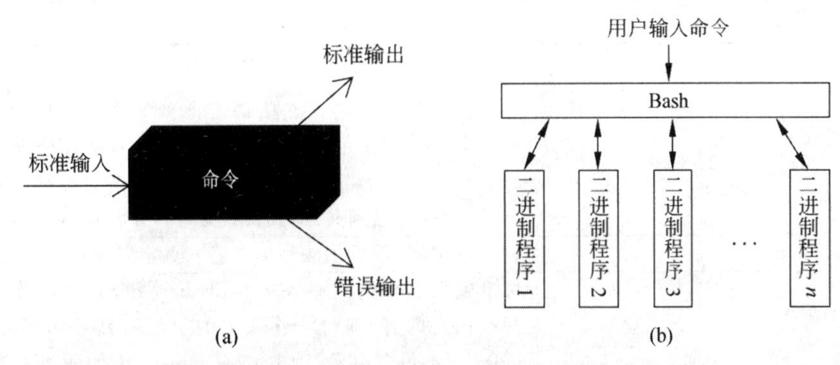

图 6.3 Linux 命令的“一进二出”

(1) Bash 读取命令行上用户输入的字符串。

(2) Bash 扩展字符串中包含通配符的参数。

(3) 复制如下的三个文件描述符。

0 号文件描述符(标准输入),默认指向/dev/stdin(表示键盘),缩写为 stdin;

1 号文件描述符(标准输出),默认指向/dev/stdout(表示屏幕),缩写为 stdout;

2 号文件描述符(标准错误输出),默认指向/dev/stderr(表示屏幕),缩写为 stderr。

注意:如果命令中存在重定向,那么这三个文件描述符的指向就可能发生变化。

(4) 在用户环境变量 PATH 定义的目录中搜索命令对应的二进制程序,然后执行它。

(5) 把二进制程序退出的状态保存到特殊变量“?”中。

(6) 显示命令状态行并等待用户输入下一个命令。

0、1 和 2 号文件描述符的指向允许通过命令行上的特殊参数来改变,即输入输出重定向,简称重定向。重定向用到的元字符有<、>、&、-。表 6.4 列举了常见的重定向实例。

表 6.4 常见的重定向实例

序号	重定向方式	实 例
1	[n]> target [n]>> target	输出重定向(n 号文件描述符指向 target),前者先清空 target 的内容,后者是追加到 target 的末尾。如果[n]省略,表示 1 号句柄
2	>/tmp/file.txt	1 号文件描述符(标准输出)重定向到文件/tmp/file.txt,如果此文件存在且有内容,那么就先清空它
3	>>/tmp/file.txt	与上面的例子唯一区别是追加到文件的末尾(不清空文件里原来的内容)
4	2 > abc.err	2 号文件描述符(标准错误输出)重定向到文件 abc.err,如果此文件存在且有内容,那么就先清空它
5	1 >> 123.log 2 > 321.err	标准输出重定向到文件 123.log。标准错误输出定向到文件 321.err,如果文件 321.err 事先存在就先清空
6	> &Okanderr.txt	标准输出和标准错误输出都定向到文件 Okanderr.txt。追加采用>> &Okanderr.txt 注意:如果> & 的后面是纯数字,Bash 视其为文件描述符,并执行“复制到 1 号文件描述符”的操作

续表

序号	重定向方式	实　例
7	> file.log　2 > &1	标准输出和标准错误输出都定向到文件 file.log,要注意与 2 > &1 > file.log 的区别,这个是先把 1 号文件描述符复制到 2 号,然后 1 号重定向到文件 file.log,结果是标准错误输出到屏幕,标准输出到文件,其实就是等价于> file.log
8	[n]< target	输入重定向,常见用法是标准输入重定向,即< target
9	<<[-]word here-documents delimiter	标准输入重定向到嵌入文本,即 here-documents 作为命令的标准输入内容。除掉 word 中的引号就是 delimiter,且如果 word 中不包含引号,则 here-document 中的所有文本都将进行常规的参数扩展、命令替换、表达式计算。如果定向符是<<-,那么忽略 here-documents 和 delimiter 的中前导 tab。举例见下面三行
10	cat > file.txt　<< EO"F" Hello `date` EOF	创建文件 file.txt,文件内容包含下面两行： Hello `date`
11	cat > file.txt　<< EOF Hello `date` EOF	创建文件 file.txt,文件内容包含下面两行： Hello 2014 年 07 月 29 日星期二 22：08：49 CST
12	cat > file.txt　<<-EOF Hello `date` EOF	创建文件 file.txt,文件内容包含下面两行： Hello 2014 年 07 月 29 日星期二 22：08：49 CST
13	<<< word	word 部分本身作为命令的输入内容
14	ssh　zsan@moo　<<< A123	以账号 zsan 登录到计算机 moo,密码是 A123

表 6.4 中出现的`date`,是用反撇号(`就是对应键盘上 Esc 键下面的那个键)括起来的,date 是获取当前日期的命令。

例如用 gcc 编译 C 语言源程序时往往会产生大量的错误信息,为了事后查看这些错误信息,程序员最喜欢采用的编译命令是：

```
gcc   abc.c   -o   abc   1 > gcc.txt   2 > gcc.err
```

即把编译时产生的错误信息保存在 gcc.err 文件中,正常信息保存在 gcc.txt 文件中。下面的命令是在文件/etc/profile 的末尾追加一行“export HISTFILESIZE=5000”：

```
echo "export HISTFILESIZE = 5000" >>/etc/profile
```

6.2.3 其他元字符

1. 管道|、|&

用“|”或“|&”隔开的两个命令之间形成了一个管道,左边命令的标准输出(用“|”连接)

或者标准错误输出(用"|&"连接)信息流入到右边命令的标准输入,即左边命令的标准输出作为右边命令的标准输入。例如:

```
make  |&  tee make.err
dmesg  |  more
cat /etc/passwd | more
```

2. 命令序列

用";""&""&&"和"||"连接在一起的命令称为一个命令序列。用";"连接的命令从左至右依次被执行,最后执行的命令的返回状态就是整个命令序列返回的状态;在一个命令后加"&",表示该命令将在后台执行,即在子 Bash 中执行,对于一些执行时间较长又无须交互的程序适合在后台执行,例如下面的打包压缩命令:

```
tar  -cJf  /tmp/etc.tar.xz  /etc&
```

也可以用另外一种方法把一个任务切换到后台执行:在前台执行命令,在命令还没有执行完前按 Ctrl+Z 键把任务切换到后台,此时被切换到后台的命令暂停执行,然后执行命令"bg 1"使刚刚切换到后台的命令继续在后台执行。注意 bg 后带的是任务号,运行命令 jobs 可显示全部的后台任务号。

用"&&"连接的命令序列,其执行是这样的:当且仅当左边命令的退出状态为 0 时才执行右边的命令。在 Linux 系统中,命令退出状态为 0 表示执行成功,非 0 表示失败。如命令序列:

```
mkdir  /tmp/abc  &&  cd  /tmp/abc
```

即只有创建目录成功才进入那个目录,否则就不执行右边的命令"cd/tmp/abc"。

用"||"连接的命令序列执行是这样的:当且仅当左边命令执行失败时才执行右边的命令,例如命令序列:

```
cd  /tmp/abc  ||  mkdir  /tmp/abc
```

即如果不能进入目录(进入目录/tmp/abc 失败),那就创建那个目录。

混合使用"&&"和"||"可以达到意想不到的效果,如命令序列:

```
tar  -cjf  /tmp/etc.tar.bz2  /etc  2&>1 >/dev/null && echo  "成功" || echo  "失败"
```

这样当最左边的 tar 命令执行成功时会在屏幕上显示"成功",否则就显示"失败"。注意,最左侧的命令做了输出重定向处理:标准输出和错误输出都定向到设备文件/dev/null,此设备文件类似于黑洞,扔到里面的东西都消失了。

6.3 命令举例

本节补充一些常用的命令。

6.3.1 关机/重启/退出

关机/重启/睡眠/退出的常用命令及说明如表 6.5 所示。

表 6.5 关机/重启/睡眠/退出命令

序号	命 令	说 明
1	shutdown -h now	关机
2	shutdown -h +10 "请各位退出"	10 分钟后关机，同时广播通告"请各位退出"，登录进来的用户都会收到此广播通告
3	shutdown -r 16:30	在 16:30 重启计算机
4	shutdown -h 23:59	在 23:59 关机
5	reboot	立即重启计算机
6	halt	关机(比较粗暴)，另一个命令是 poweroff
7	exit	退出登录(注销)
8	sync	把磁盘 I/O 高速缓存中的内容同步到磁盘
9	systemctl hibernate	进入睡眠
10	systemctl rescue	系统进入急救模式

6.3.2 Bash 内部命令

Bash 内部命令及说明如表 6.6 所示。

表 6.6 Bash 内部命令

序号	命 令	说 明
1	history、history -c、history -w	显示历史命令、清除历史命令、把命令缓冲区中的命令输出到 HISTFILE 定义的文件中
2	alias、alias l = 'ls -la'、alias woman = man	显示全部的命令别名、定义命令别名 l、定义命令别名 woman。此后，执行命令 l 实际上就是执行 ls -la
3	unalias woman	删除别名 woman
4	which ls	显示命令 ls 所在的目录
5	echo "I love you"	在屏幕上显示信息 I love you
6	export ABC = "Hello World"	定义用户环境变量 ABC，值是 Hello World
7	env	显示所有的用户环境变量
8	unset CBA	删除 Shell 变量 CBA
9	source ~/.bashrc 或者. ~/.bashrc	执行"~/.bashrc"并输出里面定义的环境变量
10	pwd	显示用户所在的当前目录

6.3.3 系统信息相关命令

系统信息相关命令及说明如表 6.7 所示。

表 6.7 系统信息相关命令

序号	命 令	说 明
1	date +"%Y-%m-%d %H：%M"	按格式显示系统时间，如 2019-09-23 16：29
2	date 102316312019	设置系统时间，格式是：[MMDDhhmm[[CC]YY][.ss]]
3	cal、cal -y	显示本月日历、显示本年日历
4	clear	清屏(相当于快捷键 Ctrl+L)
5	bc	高精度计算器。可以输入算术表达式进行计算，运算符有加+、减－、乘 *、除/、求余%、幂^、( )，例如 123 * (1234－658)/6，输入 quit 退出 bc
6	uptime	简要显示系统的连续运行时间、当前用户数和负荷
7	uname -a	显示操作系统的信息
8	df -T	显示已挂载分区的使用情况
9	dmesg	显示系统启动日志

6.3.4 文件操作命令

大部分文件操作命令在第 4 章已经介绍过，这里再补充一些，如表 6.8 所示。

表 6.8 文件操作命令

序号	命 令	说 明
1	tree /etc/	显示/etc 的目录树
2	touch abc1	如果 abc1 事先存在，就把它的修改时间改为现在的系统时间，如果不存在就创建一个空文件
3	find /etc/ -name sshd*	在/etc/及其子目录中查找以 sshd 开头的文件
4	find /etc -mmin -10	递归查找/etc 及其子目录中最近十分钟内修改过的文件。+10 则表示十分钟之前修改过的文件
5	find /usr -size -100M	在/usr 目录下找出小于 100MB 的文件
6	find . -name *.cfg -exec rm {}\;	递归查找当前目录及其子目录中以.cfg 结尾的文件并删除它们
7	ls / | tee /tmp/abc.txt	tee 建立两个通道，一方面输出到屏幕，一方面输出到文件/tmp/abc.txt 中
8	diff file1 file2	找出两个文件的不同行
9	du -sh /etc/	查看目录/etc 占用磁盘的大小
10	du -sh /*	显示根目录下各个文件和目录占用磁盘的大小
11	split -b 4M bigfile.dat part-	把文件 bigfile.dat 切割成 4MB 大小的以 part-为前缀的文件，如 part-aa、part-ab 等。合并文件可以采用命令 cat： cat part-aa > bigfile1.dat cat part-ab >> bigfile1.dat …
12	grep "UsePam yes" *	在当前目录下的所有文件中查找包含 UsePam yes 的行
13	grep -r wlm /etc/*	递归查找/etc/中以及子目录中的全部文件，把包含 wlm 的行和文件名显示出来

续表

序号	命令	说明
14	dd if=/dev/zero of=1.dat bs=512 count=1024	从设备/dev/zero 读 0 并写到文件 1.dat 中,每一次读取 512 个字节,共读取 1024 次,因此 1.dat 的大小是 0.5MB,即 512×1024 注意:/dev/zero 是专门产生 0 的设备。if 就是 input file 的首字母缩写,同样的 of 就是 output file 的首字母缩写
15	dd if=/dev/sda of=/boot/mainboot bs=512 count=1	把硬盘主引导扇区的内容备份到/boot/mainboot 文件中,共 512 个字节
16	dd if=/boot/mainboot of=/dev/sda bs=512 count=1	把文件/boot/mainboot 写到硬盘主引导扇区。执行这个命令要特别小心,很容易破坏硬盘分区表信息
17	od -t x1 mainboot	以十六进制显示文件 mainboot 内容
18	xxd 2.dat > 2.txt	把二进制文件 2.dat 转换为十六进制字符文件 2.txt
19	xxd -r 2.txt > 2.dat	与上一个命令做相反操作,即把十六进制字符文件 2.txt 转换为二进制文件 2.dat。 注意:对 2.txt 做修改然后再转换为二进制文件,这样可达到修改二进制文件的目的
20	sed -i 's|oldw|new12|g' file1.txt	把文件 file1.txt 中的所有 oldw 替换成 new12
21	gzip 2.dat	压缩 2.dat,压缩后的文件名是 2.dat.gz
22	gzip -d 2.dat.gz	解压
23	bzip2 file2.dat	压缩 file2.dat,压缩后的文件名是 file2.dat.bz2。对于大文件,bzip2 压缩效率要高于 gzip
24	bzip2 -d file2.dat.bz2	解压
25	xz file2.dat	压缩 file2.dat,压缩后的文件名是 file2.dat.xz。目前 xz 命令的压缩率是最好的
26	xz -d file2.dat.xz	解压
27	strings /bin/ls	显示二进制文件/bin/ls 里的可见字符

6.3.5 进程及任务管理相关命令

进程及任务管理相关命令及说明如表 6.9 所示。

表 6.9 进程及任务管理命令

序号	命令	说明
1	ps -ef	显示当前系统中的进程。第二列是进程号,最后一列是该进程对应的二进制程序
2	kill -9 7208	立即杀死进程号为 7208 的进程。本质上是向进程 7208 发送信号 9,这是个马上结束进程的信号,其他的信号可用命令 kill -l 查看。如果 7208 号进程不存在,本命令就会报错
3	pkill -9 -u osadmin	杀死用户 osadmin 的全部进程,用户被动退出系统
4	killall -9 sendmail	杀死由程序 sendmail 产生的全部进程
5	jobs	显示后台任务,第一列是任务号

续表

序号	命　　令	说　　明
6	fg、fg　2	把最靠前的任务切换到前台、把2号任务切换到前台
7	Ctrl + Z	把正在执行的前台任务切换到后台，并暂停运行。例如正在用Vim编辑一个文件，这时可以按Ctrl+Z把Vim切换到后台，然后执行fg又可切回到前台
8	bg、bg 3	继续在后台执行最靠前的那个暂停的后台任务、继续在后台执行3号任务。相当于以&执行一个命令
9	nohup command1 &	在后台执行command1命令，且脱离用户登录的终端，这样即使用户退出，命令也不会退出。例如想在一个小时后关机，管理员又要马上离开，所以要退出，那么执行如下命令即可： nohup shutdown -h +60 & exit

6.3.6 网络相关命令

网络相关命令及说明如表6.10所示。

表6.10 网络相关命令

序号	命　　令	说　　明
1	netstat　-tnlp	显示处于监听状态的TCP端口
2	netstat　-unlp	显示处于监听状态的UDP端口
3	ifconfig	显示网卡参数
4	ethtool　enp0s3	查看第一块网卡的链路状态，例如是否链接交换机
5	ifconfig　enp0s8　add　192.168.0.10 up	配置第二块网卡地址为192.168.0.10，并启用它
6	ifup　enp0s3、ifdown　enp0s8	启用第一块网卡、禁用第二块网卡
7	ping　192.168.1.100、ping　www.baidu.com	向另一台计算机发ICMP包来检测网络是否连通。如果不断显示类似如下的信息，则表示网络是通的。 ……,icmp_seq=2 ttl=64 time=0.334 ms
8	route	显示路由表
9	route　add　-net　192.168.10.0 netmask　255.255.255.0　gw　10.2.65.1	增加一条到达192.168.10网段的路由，网关是10.2.65.1
10	traceroute　www.chinaunix.net	跟踪到达www.chinaunix.net的路由路径
11	nmcli	显示全部的网卡状态
12	nc　-l　8808	监听本机的8808端口
13	nc　192.168.0.10　8808	与192.168.0.10计算机的8808端口建立TCP链接。如果上面那条命令执行的计算机IP地址就是192.168.0.10，那么这样就建立了简易的聊天通道，输入的内容同时会出现在对方屏幕上。可以用nc来测试其他计算机的某个端口是否处于监听状态，例如nc 10.8.7.10 22

6.4 安装、卸载和升级软件包

Linux操作系统把一些相关的可执行文件、配置文件和说明文档等打包在一起,构成一个软件包,软件包是安装和卸载的基本单位,把众多的软件包集中存放在某台计算机上,并且建立软件包之间的依赖关系,这台计算机就称为安装源。Ubuntu和红帽操作系统打包的方式不同,所以它们有各自的安装源,且不能互用。

为了便于用户安装,Linux发行厂商又把一些相关的软件包组合成模块,这样用户只要安装某个模块就把所有的相关软件包都安装了。例如Apache网站服务模块httpd由httpd、httpd-tools、httpd-manual、mod_ldap、mod_ssl等软件包组成。有的Linux发行厂商会根据不同的应用进一步把软件包组合成组,例如用户需要采用Linux搭建一套虚拟化应用环境,他只需安装Virtualization Host组就可以了,这个组包含了构建虚拟化环境的各种软件包,如libvirt、qemu-kvm、libvirt-client、libguestfs等。

6.4.1 配置安装源

安装源就是被安装软件的存放地,即以后安装软件时自动从安装源下载(位于网络上)或者复制(位于本地存储)相应的软件包并安装。可以配置多个安装源,并设置优先级,如果一个软件包存在于多个安装源中,那么从最高优先级安装源中安装。在Windows上安装软件,首先要从网上搜索并下载相应的软件,然后再安装,或者直接从光盘安装。但是如果配置好了安装源,在Linux上安装软件就容易多了。

对于Ubuntu 18.04,请参照图6.4所示的内容进行软件的安装和更新。

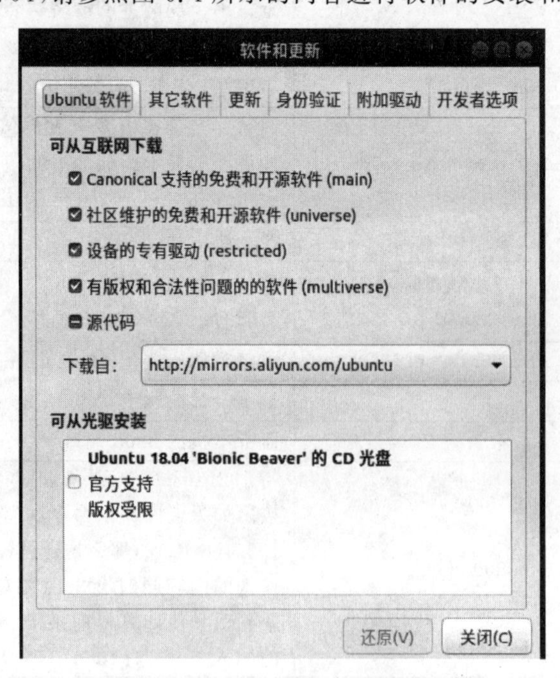

图6.4 Ubuntu 18.04安装源配置

也可以手工修改安装源配置文件/etc/apt/sources.list，默认安装源是 http://cn.archive.ubuntu.com，国内建议采用阿里云的安装源，即 http://mirrors.aliyun.com，速度比较快。用 Vim 修改/etc/apt/sources.list 文件，把里面的 cn.archive.ubuntu 全部替换为 mirrors.aliyun 即可，然后运行命令 apt update 更新本地软件包元数据，具体安装软件参见"附录 B：安装 Linux 实训"。用上面的图形方式修改安装源实际上也是修改了/etc/apt/sources.list 文件。

对于红帽 8.0，可以把系统安装光盘设置成一个本地安装源，首先把光盘放入光驱，然后执行下面几条命令：

```
sudo mkdir  /opt/cdrom
sudo echo "/dev/sr0  /opt/cdrom  iso9660  defaults        0 0">>/etc/fstab
sudo systemctl daemon-reload
sudo mount -a
```

上面第三条命令是从修改后的/etc/fstab 文件产生自启动服务，这样下次开机时会自动把光盘挂载到/opt/cdrom 目录上。第四条命令是立即把/etc/fstab 文件中已经定义的但是还没有挂载的设备挂载到相应的目录上，目前就是挂载光盘到/opt/cdrom 目录。

采用命令"df -T"可以确认光盘是否挂载到/opt/cdrom 目录，再用 Vim 编辑一个新文件，即 sudo vim /etc/yum.repos.d/cdrom.repo，然后输入如下内容：

```
[LocalRepo_BaseOS]
name = LocalRepository_BaseOS
baseurl = file:///opt/cdrom/BaseOS
enabled = 1
gpgcheck = 1
gpgkey = file:///etc/pki/rpm-gpg/RPM-GPG-KEY-redhat-release

[LocalRepo_AppStream]
name = LocalRepository_AppStream
baseurl = file:///opt/cdrom/AppStream
enabled = 1
gpgcheck = 1
gpgkey = file:///etc/pki/rpm-gpg/RPM-GPG-KEY-redhat-release
```

红帽 8.0 把软件分成两大类，分别是 BaseOS 和 AppStream，BaseOS 类主要包括 Linux 操作系统软件，AppStream 类主要包括各种应用程序。如果你已经是红帽的订阅用户，那么就可以直接激活订阅，假如订阅用户账号为 moodisk，那么可以采用下面的命令激活订阅：

```
subscription-manager register  --username = moodisk  --auto-attach
```

不管是再用光盘安装源还是订阅，最好执行"dnf makecache"命令重建软件包元数据缓存。这样就可以直接用命令 dnf 来安装软件了。关于安装源管理的例子参见表 6.11 和表 6.12。

表 6.11 红帽 8.0 安装源管理

序号	命　令	说　明
1	dnf makecache	构建本地缓存
2	dnf repolist	显示全部可用的安装源。如果还要显示不可用的安装源，那么就用命令 dnf repolist all。特别要注意第一列 repo id，即源 id 号,这个是唯一的
3	dnf repoinfo LocalRepo_BaseOS	显示源 id 为 LocalRepo_BaseOS 的说明信息

表 6.12 Ubuntu 18.04 安装源管理

序号	命　令	说　明
1	apt edit-sources	编辑安装源配置文件
2	apt update	更新本地可用软件包列表。每次修改了安装源,都要执行本命令
3	dnf repoinfo LocalRepo_BaseOS	显示源 id 为 LocalRepo_BaseOS 的说明信息

对于 Ubuntu,可以采用命令 apt-mirror 来搭建本地安装源,具体方法请大家去百度上搜索,这里不再说明。

6.4.2 安装、卸载软件

红帽阵营和 Ubuntu 阵营的软件包管理方式完全不同,前者是 rpm 软件包系统,后者是 DPKG 软件包系统。软件包维护既可以用图形方式,也可以用命令方式,下面重点讲命令方式。

1. 红帽 8.0

主要采用 rpm 和 dnf 命令(注意: yum 已被 dnf 替代),案例如表 6.13 所示。

表 6.13 红帽 8.0 软件包管理

命令	举　例	说　明
rpm	rpm -ivh nmap.rpm	安装当前目录中的 nmap.rpm 软件包,一次可以安装多个,如 rpm -ivh zip.rpm abc.rpm,注意这些包文件 zip.rpm, abc.rpm 必须在当前目录下,但可以带路径指定,如 rpm -ivh /tmp/wlm.rpm
	rpm -qpl nmap.rpm	列出 nmap.rpm 软件包中的文件,如 rpm -qpl zip-3.0-1.el6.i686.rpm
	rpm -qa	显示全部已经安装的软件包
	rpm -ql xxd	列出已经安装的软件包 xxd 中的文件,如 rpm -ql openssh-server
	rpm -q -f /usr/bin/ls	查找文件/usr/bin/ls 属于哪个软件包
	rpm -e vsftpd	卸载软件包 vsftpd
dnf	dnf help	获取 dnf 命令的用法
	dnf help install	如何安装软件,如 dnf help remove 命令可以获取卸载软件的帮助信息

续表

命令	举 例	说 明
dnf	dnf install < spec >	安装软件包或模块或组以及依赖的软件包，如果是安装模块或组，需要在名字前加@符号
	dnf install xz	从安装源安装 xz 软件包。也可以一次性安装多个软件包，如 dnf install vim samba vstfpd
	dnf install /tmp/xz.rpm	安装/tmp/xz.rpm(此软件包已经下载到硬盘的/tmp 目录下)
	dnf install nano	安装 nano 软件包
	dnf install @virt	安装虚拟化模块 virt
	dnf install '@Container Management'	安装容器管理集 Container Management
	dnf -y install xz-*	不需要确认直接安装以 xz-开头的全部软件包
	dnf install /usr/sbin/named	自动查找并安装包含了/usr/sbin/named 文件的软件包，最终是安装 bind 软件包，因为它包含了文件/usr/sbin/named
	dnf reinstall vim	重新安装 vim 软件包。例如一个软件执行异常，可以通过重新安装它来修复
	dnf --downloadonly --downloaddir = /tmp install samba	把 samba 及其所依赖的软件包下载到/tmp 目录中，不安装，也可以直接采用命令 dnf download samba
	dnf remove samba	卸载 samba 软件包、依赖 samba 的软件包以及不再需要的 samba 所依赖的软件包。"不再需要"的意思是除了 samba 外再也没有其他软件包依赖它
	dnf remove '@Development Tools'	卸载软件集 Development Tools
	dnf remove --duplicates	卸载同名的老版本软件包
	dnf autoremove	删除所有原先因为依赖关系被安装的而现在不再需要的软件包。例如用户安装的软件包被卸载了，但是由于某种原因导致卸载软件时没有同时卸载依赖包，因此用本命令做一些清理工作
	dnf clean all	清理各种为安装源保留的缓存数据
	dnf search opens	搜索安装源里的名字或说明信息中包含 opens 的软件包
	dnf list	列出全部已经安装的和可用的软件包
	dnf list --installed	列出全部已经安装的软件包，其他可用的选项还有：--upgrades(列出更新的软件包)、--autoremove(列出采用命令 dnf autoremove 清理的软件包)
	dnf module list	列出全部的软件模块
	dnf module install virt	安装软件模块 virt，等价命令 dnf install @virt
	dnf group list	列出全部的软件集
	dnf group install 'Development Tools'	安装软件集'Development Tools'，等价命令 dnf install '@Development Tools'
	dnf info openssh-server	显示软件包 openssh-server 的说明信息，如 dnf info xz
	dnf module info virt	查看软件模块 virt 的说明信息
	dnf group info 'Container Management'	查看软件集 Container Management 的说明信息

2. Ubuntu 18.04

在 Ubuntu 下安装和卸载软件主要采用 dpkg 和 apt 工具,例子如表 6.14 所示。

表 6.14 Ubuntu 18.04 软件包管理

命令	举 例	说 明
dpkg	dpkg -i xz.deb	安装当前目录下的包文件 xz.deb,如 dpkg -i /tmp/vim-6.0.deb
	dpkg -i -R ./debs	递归找出并安装目录“./debs”及其子目录中的软件包文件
	dpkg -i abc.deb zlib.deb	一次性安装 abc.deb 和 zlib.deb 两个软件
	dpkg -S /bin/uname	查找是哪个软件包包含了文件“/bin/name”,如 dpkg -S /bin/ls
	dpkg -l	列出所有已经安装的软件包
	dpkg -L zip	列出软件包 zip 中的文件
	dpkg -c vim.deb	列出 vim.deb 包中的文件
	dpkg -r xxd	卸载软件 xxd
apt	apt download xxd	下载 xxd 安装包到当前目录下
	apt source nmap	下载包 nmap 的源代码到当前目录 注意:需要先安装软件包 dpkg-dev
	apt install name.deb	安装当前目录下的包 name.deb
	apt install tasksel	安装 tasksel。一次能安装多个,如 apt-get install zip xxd
	apt install -f	尝试修复软件包之间的依赖关系
	apt build-dep nmap	安装从源代码编译 nmap 所需要的软件包
	dpkg-buildpackage -rfakeroot	从源代码编译并生成软件包的步骤是(如编译 nmap): 安装编译环境:apt build-dep nmap 下载源代码:apt source nmap 进入源代码目录:cd nmap-7.60 修改源代码,然后编译:dpkg-buildpackage -rfakeroot
	apt remove openssh-server	卸载软件 openssh-server,保留用户修改过的配置文件
	apt purge openssh-server	卸载软件 openssh-server,用户修改过的配置文件一并删除
	apt remove *office*	卸载名称中包含 office 的软件包
	apt autoremove	卸载所有自动安装且不再使用的软件包。由于依赖关系,用户在安装软件时会自动安装大量依赖包,以后当用户卸载软件时,会留下一些不再使用的依赖包,本命令就是把这些不再使用的依赖包卸载掉
	apt search vim	按关键字 vim 搜索软件包
	apt list	列出全部的软件包
	apt list openssh-server	列出软件包 openssh-server
	apt list vim*	列出所有以 vim 打头的软件包
	apt list --installed	列出全部已经安装的软件包
	apt list *office* --installed	列出名称中包含 office 的已经安装的软件包

续表

命令	举　例	说　明
apt	apt list --upgradeable	列出存在新版本的软件包
	apt show openssh-server	查看软件包 openssh-server 的说明信息，包括依赖包
	tasksel	以菜单方式安装或卸载软件集
	tasksel --list-tasks	显示所有的软件集
	tasksel --task-desc lamp-server	显示软件集 lamp-server 的发行信息
	tasksel installdns-server	安装软件集 dns-server，如 tasksel install lamp-server
	tasksel remove print-server	卸载软件集 print-server

可以采用命令“tail -f /var/log/dpkg.log”查看每个软件包的安装日期。

6.4.3 升级系统

1. 红帽 8.0

主要采用 dnf 工具，案例如表 6.15 所示。

表 6.15 红帽 8.0 系统升级

序号	命　令	说　明
1	dnf check-update	检查是否有软件包需要升级，或者直接检查某个软件有无新版本，如 dnf check-update wget
2	dnf upgrade	升级所有软件（如果存在新版本），或者升级某个软件，如 dnf upgrade openssh-server
3	dnf upgrade-minimal	修补存在安全漏洞的软件。如果某个软件存在新版本，但是已安装的旧版本并不存在 bug，那么此软件不会升级到新版本，这点与 dnf upgrade 命令不同

2. Ubuntu 18.04

主要采用 apt 工具，参见表 6.16。

表 6.16 Ubuntu 18.04 系统升级

序号	命　令	说　明
1	apt update	同步源里的包索引文件到本地。更改了源服务器后必须执行这个命令
2	apt upgrade	检查并升级全部需要升级的软件包。如果某个软件包的新版本要依赖一个新的软件包，那么就安装这个新的依赖包。如果一个软件包 a 原来依赖 b，新版本却依赖 c，那么 a 就不会升级，c 也不会被安装
3	apt full-upgrade	与 apt upgrade 命令的功能类似，不同的是：针对上面列举的情况，软件包 a 会被升级，c 会被安装，b 会被卸载。对系统执行 full-upgrade 比执行 upgrade 的风险更大，但是优点很明显，能够保持整个系统版本一致性

6.5 服务管理

从红帽 6.0 开始就采用 Upstart 替换传统的 SysV init 来管理系统和服务,红帽 8.0 采用全新的 Systemd。Ubuntu 早在 16 版本开始就采用了 Upstart,18 版本也转移到了 Systemd。Systemd 的很多概念来源于苹果操作系统的 launchd,launchd 的中心思想是尽可能启动更少的服务,用时启动服务,尽可能并行启动服务,这样可以大大加快计算机开机过程。因此基于 SysV init 运行级别的概念已退出历史舞台。

传统的 sysinit 系统主体思想是串行地启动所有将来需要用到的服务,这存在两个明显的缺陷:一是计算机启动慢,二是启动暂时用不到的服务从而浪费资源。串行启动程序没有充分利用当今普遍存在的多 CPU 并且多核的配置,所以计算机启动慢。另外对于 Linux 系统,很多服务是很少用到的,如远程登录服务 sshd,一般一个月也就登录几次,但是这个 sshd 进程却一直要运行,无谓地消耗不少资源(如 CPU、内存等)。再如蓝牙服务,只有连接蓝牙设备时才用得上,但是对一台计算机来说,使用蓝牙的机会很少。如果把蓝牙服务不配置成自动启动呢?这也不行,不启动蓝牙服务,其他蓝牙设备没法连接。

“systemd 单元”是其管理的核心,用一个配置文件来定义一个单元,单元之间可能存在依赖关系,如 A 单元启动之后才能启动 B 单元,这时 B 单元依赖 A 单元。单元配置文件保存在/usr/lib/systemd/system,/run/systemd/system,/etc/systemd/system 等目录下,安装软件包时产生的单元配置文件放在/usr/lib/systemd/system 下,动态产生的一些单元配置文件放在/run/systemd/system 下,系统管理员定制的单元配置文件放在/etc/systemd/system 下。/etc/systemd/system 下的单元配置文件优先级最高,/run/systemd/system 次之,/usr/lib/systemd/system 最低,换句话说,如果一个相同名字的配置文件同时出现在多个目录下,那么最终优先级高的目录下的单元配置文件起作用。systemd 单元具备不同的类型,类型不同,配置文件的扩展名也不同,功能也不同,功能包括启动的服务、监听的网络端口、系统运行状态快照等,表 6.17 列举了主要的单元。

表 6.17 systemd 单元类型

序号	单元类型	文件扩展名	说明
1	服务单元	.service	定义一个系统服务
2	目标单元	.target	对应一组 systemd 单元。default.target 是系统默认的目标单元,即开机时系统启动 default.target 中定义的单元集合
3	自动挂载单元	.automount	定义一个文件系统自动挂载点
4	设备单元	.device	定义一个被内核识别的设备文件(当设备可用时才启动对应的服务)
5	挂载单元	.mount	定义一个文件系统挂载点
6	目录单元	.path	定义文件系统中的一个文件或者目录
7	快照单元	.snapshot	定义一个保存的系统状态
8	套接字单元	.socket	定义一个进程间通信的套接字
9	交换单元	.swap	定义一个交换设备或者交换文件
10	计时器单元	.timer	systemd 专用的计时器

用命令 systemctl list-dependencies 查看 systemd 到底激活了哪些单元,命令 systemd-analyze critical-chain 查看默认单元所依赖的目标单元链。

对于一个具体的单元配置文件的格式和语法,请参见其他材料或者网上资源,还可以查看在线文档 man systemd. syntax,man systemd. service,man systemd. unit 等。例如下面是一个最简单的服务单元:

```
[Unit]
Description = Foo

[Service]
ExecStart = /usr/sbin/foo-daemon

[Install]
WantedBy = multi-user.target
```

最后一行表示当进入多用户目标单元时启动本服务。

systemd 是红帽 8.0 和 Ubuntu 18.04 默认的系统和服务管理工具,具备如下的特征:

(1) 套接字激活。在系统启动时,systemd 进程为所有套接字单元创建相应的监听套接字,同时并行启动那些服务,一旦一个服务启动完毕,就把之前创建好的监听套接字传递给它。这样做还有一个好处,那就是重启服务不会丢失其他地方发给它的数据包,因为套接字仍然被 systemd 进程监听,只不过在服务不可用时数据包进入等待队列。

(2) 总线激活。D-Bus 是最近 Linux 引入的进程间通讯(IPC)方法,当第一个客户端程序试图与服务程序建立连接时,systemd 才启动那个服务程序,如果没有客户端连接请求,基于总线的服务程序根本不会运行。总线激活的服务,其单元类型属于"服务单元"。

(3) 设备激活。当指定的设备插入计算机或者可用时才启动对应的服务程序。设备激活的服务单元属于"设备单元"类型。

(4) 目录激活。当指定的目录或者文件的状态发生改变时才启动对应的服务程序。由目录单元定义。

(5) 单元快照。systemd 能临时保存所有单元的当前状态(运行或者停止),或者从动态创建的快照回滚到前一个状态。值得注意的是,这里的单元快照不同于平时所讲的文件系统快照,文件系统的快照是针对数据文件的,而单元快照只针对单元。创建的单元快照在计算机重启后就丢失。

(6) 事务单元激活。systemd 把若干个存在依赖关系的单元打包成一个事务,事务中的单元要么全部启动成功,要么一个都不启动,这一点类似于数据库中的事务,具备原子性。

(7) 虽然向前兼容 SysV init 初始化脚本,但在新版的 Linux 中,建议尽可能减少对启动脚本的依赖。

systemd 通过配置好的"单元"来管理各种服务的启动和停止,systemd 本身是一个后台进程,系统管理员可以采用 systemctl 命令来通知 systemd 进程完成一些工作,如表 6.18 所示。

表 6.18 systemctl 命令用法

序号	命 令	说 明
1	systemctl	列出所有已经加载的单元
2	systemctl <Tab><Tab>	连续按两次 Tab 键可显示所有的 systemctl 子命令
3	systemctl list-units --type service --all	列出所有被装载的服务单元
4	systemctl list-unit-files	列出所有已安装的单元文件
5	systemctl list-unit-files --type mount	列出所有已安装的挂载单元文件
6	systemctl enable *name*.service ...	配置一个或者多个单元在计算机启动时自动运行,如 systemctl enable sshd.service httpd.service
7	systemctl disable *name*.service ...	配置一个或多个单元在计算机启动时禁止运行,如 systemctl disable httpd.service
8	systemctl mask *name*.service ...	配置一个或多个单元手动和自动都不能运行(就是在/etc/system/system/下创建一个指到/dev/null 的符号链接文件 *name*.service,如 systemctl mask firewalld.service
9	systemctl unmask *name*.service ...	是 mask 的反方向操作
10	systemctl start | stop | restart *name*.service ...	启动或停止或重启一个或多个单元,如 systemctl restart ssh。服务单元的后缀“.service”可以省略
11	systemctl try-restart *name*.service ...	重启一个或多个正在运行的单元,如果单元没在运行就根本不启动它,这点与 restart 不同
12	systemctl status | reload *name*.service ...	查看一个或多个单元的运行状态,或者重载单元的配置参数
13	systemctl show *name*.service	查看一个单元的属性
14	systemctl --failed	查看启动失败的单元
15	systemctl list-dependencies [*name*.service]	查看单元所依赖的其他单元,如果省略 *name*.service 则查看 default.target 单元的依赖单元
16	systemctl -s 15 kill *name*.service ...	向服务单元发送信号 15。采用命令 kill -l 可以列出全部的信号,其中信号 9 是杀死单元(对应一个正在运行的服务进程)
17	systemctl get-default	查看默认的目标单元。默认目标单元是计算机启动后进入的单元,前面讲过,一个目标单元定义了很多服务单元,系统进入一个目标单元意味着要执行此目标单元定义的所有服务单元。红帽 7.0 的默认单元是 graphical.target,即图形多用户环境
18	systemctl set-default *name*.target	把 *name*.target 设为默认目标单元。如 systemctl set-default multi-user.target,重启计算机后进入字符界面的多用户环境
19	systemctl snapshot[*name*]	创建一个单元快照,单元快照的名字可以自己确定。如 systemctl snapshot abc
20	systemctl delete *name*	删除一个单元快照
21	systemctl isolate *name*.service	只启动 *name*.service 及其所依赖的单元,其他单元全部退出。如果 *name*.service 是一个快照单元,那么就是回滚了。从图形多用户环境进入字符多用户环境可以使用命令:systemctl isolate multi-user.target

6.6　知识拓展与作业

6.6.1　知识拓展

(1) Bash 的文件描述符复制和移动：[n]< &digit-,[n]> &digit-。

(2) 高级命令的用法：script、screen、awk、xargs、crontab、iptables、sed、write、mesg。

(3) 搭建 Ubuntu 18.04 本地安装源的命令 apt-mirror，大致步骤如下：

① 安装需要的软件。

```
sudo apt install apt-mirror nginx -y
```

② 创建相应目录。

```
sudo mkdir -p /var/www/html/ubuntu/var
sudo chown www-data:www-data /var/www/html/ubuntu
sudo touch /var/www/html/ubuntu/var/postmirror.sh
```

③ 配置需要镜像的源。

```
sudo vim /etc/apt/mirror.list              #输入如下内容
    set base_path     /var/www/html/ubuntu
    set nthreads      20
    set _tilde 0
    deb http://mirrors.aliyun.com/ubuntu bionic main restricted universe multiverse
    deb http://mirrors.aliyun.com/ubuntu bionic-security main restricted
    deb http://mirrors.aliyun.com/ubuntu bionic-updates main restricted
    clean http://mirrors.aliyun.com/ubuntu
```

这些源大概要占用 100GB 的硬盘容量，如果硬盘空间足够，可以同步更多的源下来。

④ 开始同步。

```
sudo apt-mirror
```

⑤ 让局域网内的其他计算机直接从本地源安装软件。

```
sudo vim /etc/apt/sources.list             #在需要从本地源安装软件的每台电脑上操作
    deb http://192.168.10.11/ubuntu/ bionic main restricted
    deb http://192.168.10.11/ubuntu/ bionic-updates main restricted
    deb http://192.168.10.11/ubuntu/ bionic universe
    deb http://192.168.10.11/ubuntu/ bionic multiverse
    deb http://192.168.10.11/ubuntu/ bionic-security main restricted
```

假设本地源 IP 地址为 192.168.10.11。

```
sudo apt update
```

6.6.2　作业

请解释命令串的作用：grep /bin/bash /etc/passwd 2>/dev/null | sort -k 1 1>/tmp/users.txt 2>/dev/null && cat /tmp/users.txt | wc-l。

远程控制

本章学习目标：

- 掌握 OpenSSH 的安装和使用

本章介绍一款使用非常广泛的 Linux 网络工具：安全远程登录和文件传输工具 OpenSSH。

7.1 远程控制：OpenSSH

7.1.1 介绍

Linux 最擅长的应用领域是后台应用——跑在机房深处的服务器上，通过几根网线让外面的世界接入。云计算把传统的计算机系统拆分为两端——云端和终端，主机位于云端，键盘、鼠标和显示器等 I/O 设备均为终端，前者完成计算，后者完成交互，如图 7.1 所示。

图 7.1 云计算的云端和终端

管理员常常采用远程控制的办法来维护位于机房的 Linux 系统，这时就要用到一个大名鼎鼎的专门用于安全远程控制的开源软件 OpenSSH 了。人们早期经常使用 Telnet 登录 UNIX 主机，这个工具传输的信息是明文，别人很容易从网络上盗窃密码。现在几乎没有人采用它了,都转向了 OpenSSH,它是 SSH(Secure Shell)协议的一个具体实现,SSH 协议规定传输的信息必须加密,OpenSSH 安全且功能强大。2007 年作者在华为做 Linux 系统管理员,办公室位于深圳龙华坂田的华为基地,负责维护的三百余台 Linux 服务器分布在世界各地,全部通过远程登录来解决问题,包括远程开关机、远程配置存储阵列、远程安装 Linux 操作系统、远程运维等。

7.1.2 SSH 服务器安装和配置

OpenSSH 的最新版本是 8.0,可以从官方网站 www.openssh.org 下载源代码,然后编译安装。另外一种更简单的方法是直接从 Linux 安装源中安装,OpenSSH 工具几乎被目前所有的 Linux 发行版集成了,直接安装即可。

对于红帽阵营,使用下面的命令安装:

```
dnf  install  openssh-server
```

对于 Ubuntu 阵营,采用下面的命令安装:

```
apt  install  openssh-server
```

OpenSSH 的配置文件放在/etc/ssh 目录下,其中 sshd_config 就是 OpenSSH 服务器的配置文件,使用默认配置即可,但为了加快登录速度,可以增加配置项"UseDNS no",即关闭登录时反向解析 IP,另外要注意的是配置参数 Port,它指定 SSH 服务器监听的端口,默认是 22,也可以改为其他端口,例如端口 7209,这样别人不知道端口号,也无法登录,在一定程度上增加了安全性。出于安全考虑,默认禁止 root 远程登录,如果实在要开启,就把配置文件中的 PermitRootLogin 定义为 yes。配置文件一旦被修改,就要运行下述命令使修改生效:

```
systemctl reload sshd.service
```

或者干脆重启 SSH 服务:

```
systemctl restart sshd.service
```

SSH 服务的默认端口是 22/TCP,使用命令 netstat -tnlp 可查看全部被监听的 TCP 端口,如图 7.2 所示。

```
[root@localhost ssh]# netstat -tnlp
tcp 0  0 0.0.0.0:22   0.0.0.0:*    LISTEN  1148/sshd
tcp 0  0 :::22        :::*         LISTEN  1148/sshd
[root@localhost ssh]#
```

图 7.2 查看被监听的 TCP 端口

由此可见 OpenSSH 同时支持 IPv4 和 IPv6。

7.1.3 远程登录

如果服务器上的端口 22 被监听，且没有防火墙阻隔，只要网络是通的，就可以从世界上任何一台计算机远程登录。客户端软件包括两类：一类是远程登录工具，第二类是文件传输工具。

Linux 系统直接用 SSH 命令(需要安装软件包 openssh-client)，命令举例如表 7.1 所示。

表 7.1 SSH 登录举例

序号	命 令	说 明
1	ssh [-p <端口>] [<用户>@]<ssh 服务器>	Linux 的远程登录命令格式。如果是第一次登录，会提示确认服务器的指纹数据，确认无误就回答 yes 注意：这里的"用户"是 SSH 服务器上的用户
2	ssh 192.168.10.101	采用当前用户名登录到 192.168.10.101。假如用户采用 lisi 账号登录计算机 A，然后执行此命令远程登录计算机 B，那么此命令等价于命令：ssh lisi@192.168.10.101，但前提仍然是 SSH 服务器上存在 lisi 账号
3	ssh zsan@www.veryopen.org	以服务器上的用户 zsan 登录 www.veryopen.org 计算机
4	ssh -p 7209 root@87.5.69.10	SSH 服务器被监听的端口改成了 7209，所以登录时带参数-p 指定端口号

基于 SSH 协议的 Windows 登录工具有 putty.exe、Xshell、SecureCRT、SSH Secure Shell Clien，都为字符界面登录工具，图形登录参考 8.4 节。一般后台应用很少启用图形系统，所以最常用的工具是 putty.exe，它小巧而稳定，如图 7.3 所示。

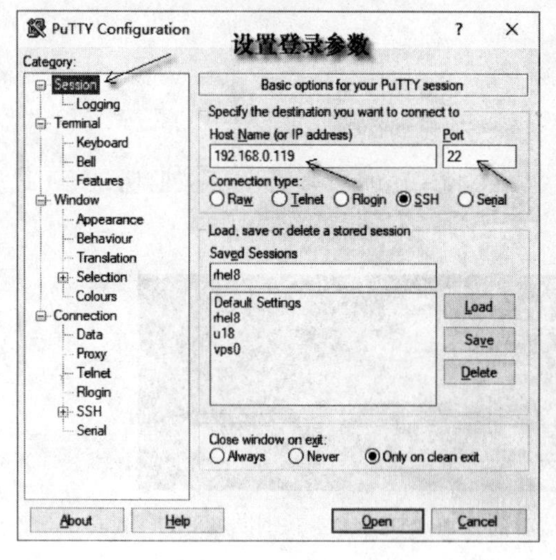

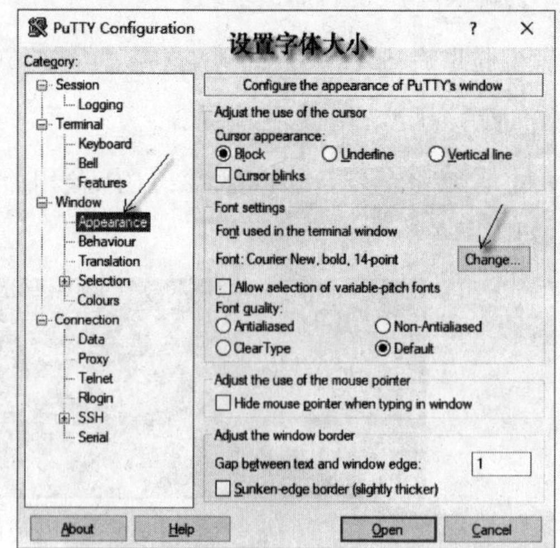

图 7.3 Windows 上的 putty 登录工具

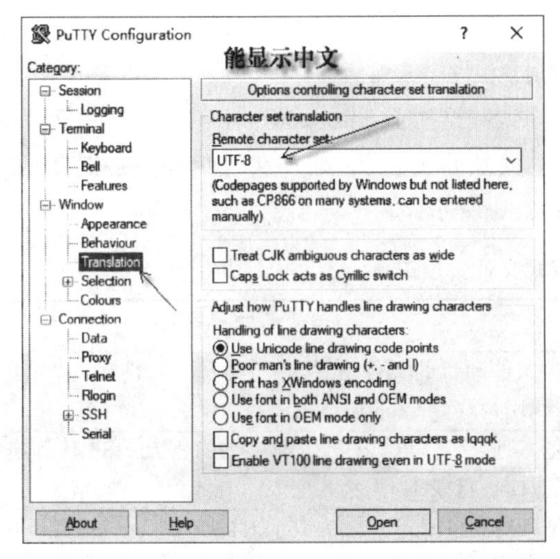

图 7.3 （续）

对于经常要登录的计算机，可以取一个名字并保存参数，以后只要双击这个名字就可以登录了。登录后右击就是粘贴，按住鼠标左键并移动鼠标选中屏幕上的内容，松开鼠标左键就是复制。puttycm.exe 是 putty.exe 的壳，支持多页，也支持保存用户和密码，如图 7.4 所示。

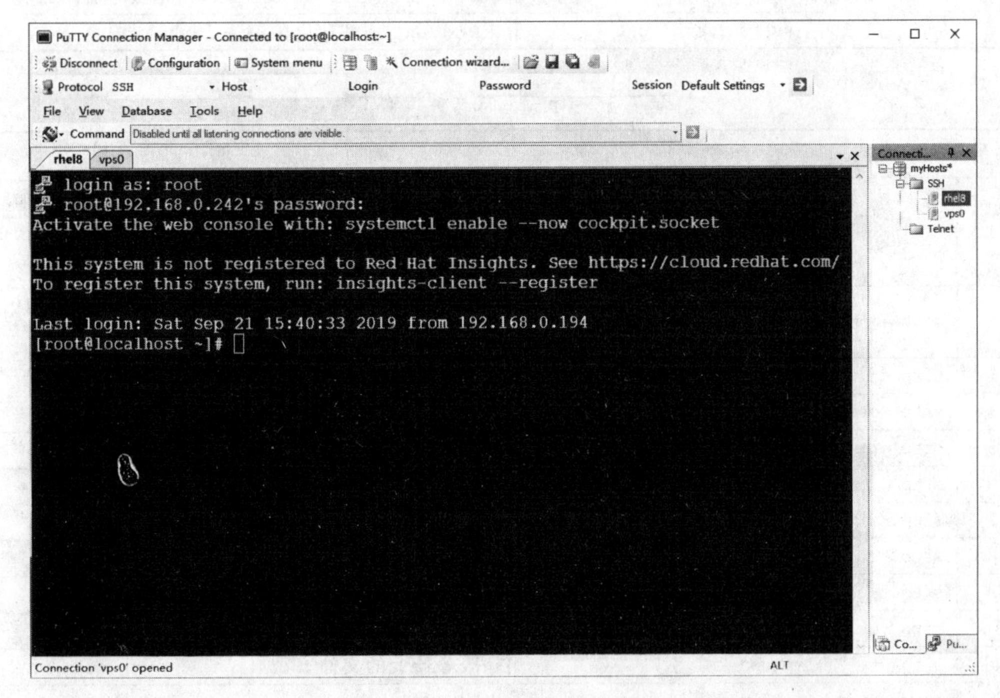

图 7.4 puttycm 的多页画面

Xshell 是商业软件，但是个人、家庭和学校允许免费使用，可以从这里下载免费版 https://www.netsarang.com/zh/free-for-home-school/，Xshell 比 putty.exe 功能要强大得多。

7.1.4 文件传输

Linux 上基于 SSH 协议的文件传输工具有很多,这里介绍 scp 和 sftp(需要安装软件包 openssh-client)。SSH 协议是加密的,而 FTP 工具是非加密的,建议少用。scp 是非交互式工具,而 sftp 是交互式工具,具体如表 7.2 和表 7.3 所示。

表 7.2 scp 非交互式文件传输工具

序号	命 令	说 明
1	scp [-P <端口>] [-r] <源文件> <目的文件>	源文件和目的文件格式: [[<用户>@]< ssh 服务器>:]文件名
2	scp file.txt 192.168.10.156:/tmp/	把本地文件 file.txt 上传到 192.168.10.156 计算机的/tmp 目录下
3	scp 192.168.10.156:/etc/profile ./	把计算机 192.168.10.156 上的文件/etc/profile 下载到当前目录下
4	scp -r /opt/dirs www.moodisk.com:.	把本地的目录/opt/dirs 上传到计算机 www.moodisk.com 上的同名用户的家目录下
5	scp-r root@192.168.10.200:/etc/init.d /tmp/	以服务器上的 root 用户登录,下载/etc/init.d 目录到本地的/tmp/目录下
6	scp -P 1228 /tmp/abc.dat ssh_server:./	把本地文件/tmp/abc.dat 上传到服务器,服务器 SSH 的端口是 1228。ssh_server 是服务器的域名
7	scp -l 100 ssh_server:1.dat ./	下载 1.dat,下载速度限制为 100kb 以内

表 7.3 sftp 交互式文件传输工具

序号	命 令	说 明
1	sftp [-oport=<端口>] [<用户>@] <主机>	交互式文件传输格式,建立连接后开始使用 sftp 命令上传和下载。输完密码后出现 sftp >命令提示符,此时输入 help 命令取得帮助
2	sftp wochi@192.168.10.100	与 192.168.10.100 建立文件传输会话,wochi 为 192.168.10.100 上的用户
3	sftp > ls	列出服务器上的文件
4	sftp > get file.txt	下载文件 file.txt
5	sftp > get file.txt /tmp/	下载文件 file.txt 到本地/tmp 目录中
6	sftp > put /etc/profile	把文件/etc/profile 上传到服务器
7	sftp > put file.txt /tmp	把文件 file.txt 上传到服务器上的/tmp 目录下
8	sftp > cd /tmp	改变服务器上的工作目录到/tmp
9	sftp > lcd /etc/	改变本地的工作目录为/etc
10	sftp > mkdir abc	在服务器的当前目录创建目录/abc
11	sftp > rm file2.txt	删除服务器上的文件 file2.txt
12	sftp > quit	退出 sftp 程序

Windows 上基于 SSH 协议的文件传输工具有 xftp 和 Winscp,xftp 对非商业用途用户是免费的,和 Xshell 为同一家公司的产品。这里介绍 Winscp 工具,从 https://winscp.ne 网站下载并安装,然后启动它,界面如图 7.5 所示。

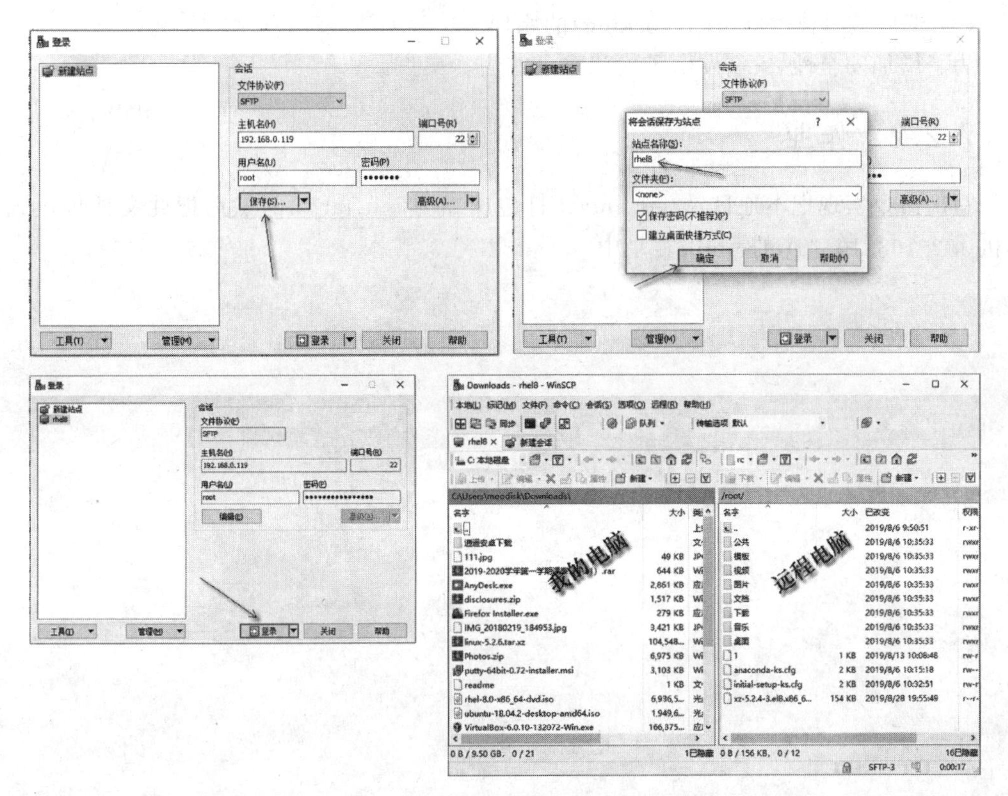

图 7.5 Windows 上的 WinScp 传输工具

图 7.5 的右下角部分，左边是本地硬盘窗口，右边是 SSH 服务器的窗口，右击右边窗口中的文件或者目录，然后选择“下载”命令进行下载操作；同样可以右击左边窗口的文件或者目录，然后选择“上传”命令进行上传操作。可以通过按住 Ctrl 键的同时用鼠标选择多个文件进行下载或上传。

7.2 知识拓展与作业

7.2.1 知识拓展

(1) 远程管理卡。

现代服务器都配有远程管理卡，这是一个嵌入式系统，集成了网卡，管理卡中安装了 Linux 系统，只要服务器的电源接通了，而不管服务器本身有没有开机，管理卡都是处于开启状态，可以通过浏览器或者远程登录等方式与管理卡建立交互，从而完成服务器阵列配置、开关机和安装操作系统等。

(2) OpenSSH 的高级功能。

端口转发，建立计算机间信任关系，修改默认的服务端口 22，局域网穿透技术（参见作者博客），采用密钥安全登录，利用动态端口转发即时实现 VPN。

(3) 端口敲门技术(Port Knocking)的原理。

为了增加安全性,人们发明了敲门登录方法。

7.2.2 作业

写出命令实现把本地目录/etc/init.d 打包压缩为 init.tar.bz2,然后把此文件传送到计算机 192.168.10.101 的/tmp/目录中。

Linux图形桌面系统

本章学习目标：

- 了解图形桌面的组成
- 了解 X WINDOW 的原理
- 掌握启停 X WINDOW 的方法
- 掌握 X WINDOW 的安装和卸载方法
- 了解一些常见图形应用软件

曾经的 UNIX 上的图形界面是那么的丑陋不堪，以至于微软乘虚而入，凭借比尔·盖茨“够用就行”的经营哲学，Microsoft Windows 迅速占领了桌面市场，使用 Windows 已经成了用户的习惯，后来 IBM 推出 OS/2 图形界面操作系统与之抗衡，终归惨然谢幕。今天 Linux 系统上搭载的图形系统在各个方面都不亚于 Windows——架构灵活、稳定、华丽、3D 效果（如图 8.1 所示）……，但缺乏常用的应用软件（例如 Photoshop、Windows Office、DreamWeaver、Adobe Flash 和游戏等）成了 Linux 拓展桌面市场最致命的软肋。

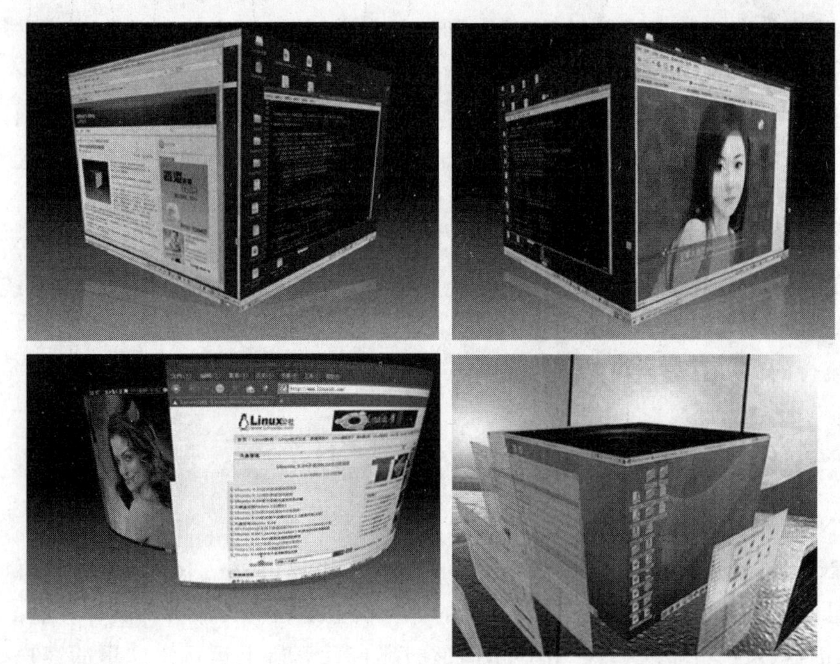

图 8.1　Linux 的 3D 桌面

8.1 组成与原理

8.1.1 Linux 图形桌面系统组成

安装 Linux 桌面系统后，整个 Linux 系统软件层次结构如图 8.2 所示，总的分成两大块，下层是基本系统(加上一些命令程序就是一个具有字符界面的 Linux 系统了)，上面是图形桌面系统，图形桌面系统包括 X WINDOW、桌面环境和窗口管理器三部分。

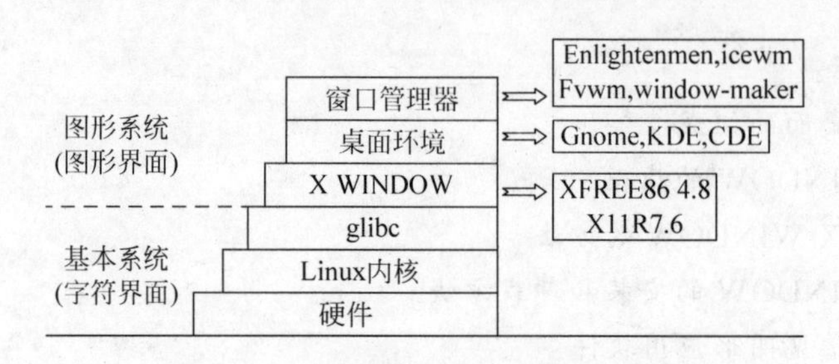

图 8.2 Linux 图形系统软件层次结构

图形系统与基本系统是松耦合的，图形系统其实就是 Linux 基本系统的一套应用软件而已，因此可以安装和卸载它，也可以只安装 X WINDOW，或者安装 X WINDOW 和桌面环境，这一点与 Microsoft Windows 完全不一样。

目前 X WINDOW 产品有 XFree86 和 Xorg，前者起源于 X11R 6，专门针对 x86 计算机，但是遵循 XFree86 开源许可协议，而不是 GPL，所以现在采用它的 Linux 发行版不多了，很多年没有发布新版本了。相反 Xorg 却大行其道，几乎所有流行的 Linux 发行版都集成了它，目前的版本是 X11R 7.7(官网是 http://www.x.org)。

位于 X WINDOW 之上的桌面系统主要有 GNOME、KDE、CDE 和 XFCE，前两者是大型系统，也是目前非移动计算设备上的主流桌面系统，尤其是 GNOME，在间隔近十年后的今天终于推出了 3.0 版本。GNOME 3.0 的代码量超过了 Linux 内核，几乎全部被重写，其界面如图 8.3 所示，GNOME 最新版本为 3.32，红帽和 Ubuntu 最新版都采用 GNOME，两大阵营的 Linux 发行版终于统一了图形系统。CDE 和 XFCE 是小型化的桌面系统，适用于资源受限的移动计算设备。

目前流行的窗口管理器可参考网站 http://www.xwinman.org/。

8.1.2 X WINDOW 原理

X WINDOW 的架构如图 8.4 所示。

X WINDOW 包括三部分：X 服务器(Server)、X 协议(Protocol)和 X 客户机(Client)。X 客户机也就是图形应用程序，可以在不同的计算机上运行。X 服务器具体控制 I/O 设备，如显示器、键盘、鼠标等，X Server 在显示图形的那台计算机上运行。这里的客户机与服务器的概念与平时所说的概念不一样，要反过来理解——X 服务器运行在本地，而 X 客户机

图 8.3 GNOME 3 的桌面

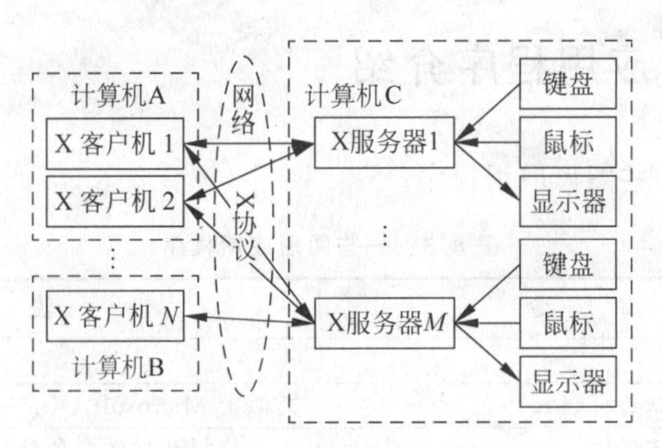

图 8.4 X WINDOW 架构

运行在远端。X Client 和 X Server 之间通过 X 协议(即 xdmcp 177/UPD，6000～6010/TCP)进行通信，X 协议位于 TCP/IP 的应用层，所以只要计算机之间的 X 协议端口是通的(即没有防火墙阻隔)，那么 X 客户端就可以和 X 服务器正常通信。也就是说，X WINDOW 图形程序可以在计算机 A 上运行，但是此程序的图形界面却可以显示在计算机 B 上，只要它们之间的网络是通的，当然 A 和 B 也可以是同一台计算机(默认安装 Linux 桌面系统的情况)。

8.2 安装和卸载图形系统

图形系统作为 Linux 系统上的应用软件，可以安装、卸载、启动，也可以停止，具体操作如表 8.1 和表 8.2 所示。

表 8.1 图形系统的安装与卸载

序号	命令	说明
对于红帽 8.0		
1	dnf install '@Server with GUI'	安装图形集 Server with GUI。一般是在红帽服务器版上安装图形界面
2	dnf remove '@Workstation'	卸载整个图形桌面系统,加上依赖包,总共将释放五百多 MB 的磁盘空间
3	dnf remove xorg-x11-server-Xorg	卸载 X WINDOW 系统
对于 Ubuntu 18.04		
1	tasksel install ubuntu-desktop	安装图形桌面系统。一般是给服务器版增加图形界面
2	tasksel remove ubuntu - desktop	卸载整个图形系统

表 8.2 图形系统的启动和停止

序号	命令	说明
1	systemctl isolate multi-user.target	关闭图形系统
2	systemctl isolate graphical.target	启动图形系统

8.3 一些图形应用程序介绍

表 8.3 中列举了一些图形应用程序。

表 8.3 一些图形应用程序

序号	命令	说明
办公软件		
1	Openoffice	类似于 Microsoft Office 的办公软件
2	WPS	金山公司开发的办公软件,兼容 Office 2013
3	Evolution	电子邮件客户端
4	Xpdf	PDF 文件阅读器
网络软件		
1	Chrome	Google 发布的网页浏览器
2	QQ	Linux 上的 QQ 软件
3	Firefox	火狐网页浏览器
绘图工具		
1	GIMP	Linux 上经典的绘图工具
2	blender	一个非常棒的 3D 建模工具
多媒体播放工具		
1	VLC	简约的音视频频媒体播放器
2	MPlayer	通用音频/视频播放器
3	wineHQ	Windows 模拟器,在这个模拟器中可以安装很多 Windows 上的软件

8.4 图形界面远程登录

8.4.1 从其他系统登录 Linux 图形桌面

从移动设备(安卓、苹果等)、安装 Windows 的台式机可以登录到 Linux 的图形桌面。Windows 系统可采用 Xming、Xmanager 和 x-win32 登录工具登录。下面来看看如何使用 Xming 进行图形登录,条件是 Linux 系统已经启动了图形系统且允许远程图形登录。

(1) 从网上下载 Xming-6-9-0-31-setup. exe 并安装。

(2) 右击桌面上的 Xming 图标,在弹出的快捷菜单中选择“属性”命令,在“目标”处输入:“C: \Program Files\Xming\Xming. exe” :1 -query 192. 168. 10. 156,单击“确定”按钮退出。

注意:地址 192. 168. 10. 156 是 Linux 系统的 IP 地址。

(3) 修改 Linux 服务器上的/etc/gdm/gdm. conf-custom 文件(红帽是/etc/gdm/custom. conf),在[security]下面增加 AllowRemoteRoot=true,在[xdmcp]下增加 Enable=true,最后重启计算机。

(4) 双击桌面上的 Xming 图标登录。

8.4.2 从 Linux 图形桌面登录其他系统

从 Linux 系统的图形桌面也可以登录到 Windows 桌面和其他 Linux 图形桌面。对于红帽 8. 0,需要安装 xfreerdp,对于 Ubuntu 18. 04,需要安装 freerdp2-x11,然后运行 xfreerdp。例如用下面的命令登录到 192. 168. 10. 21:

```
xfreerdp /f /bpp:32 /u:user12 /rfx /v:192.168.10.21
```

其他的登录工具还有 rdesktop、Ericom-Blaze-Client 和 RASClient,其中 RASClient 可从 https://www. parallels. com/products/ras/download/client/下载,Ericom-Blaze-Client 可以从 http://www. ericom. com/Product_Download. asp 下载,官网只提供了 Ubuntu 阵营的 deb 包,下载完后采用下面的命令安装:

```
apt  install  Ericom-Blaze-Client_16-x64.deb                # Ubuntu 18.04
```

安装后在 Linux 图形终端窗口里运行命令 blaze,登录界面如图 8.5 所示。

不管采用哪种方法访问 Windows 桌面,Windows 都要开启远程桌面服务,而且单机版的 Windows(如 Windows 10, Windows 7,Windows 8)同一时刻只允许一个用户登录,当然网上存在一些多用户补丁。配置 Windows 远程桌面服务的操作:右击“我的电脑”→“属性”→“远程”,然后按图 8.6 所示操作。

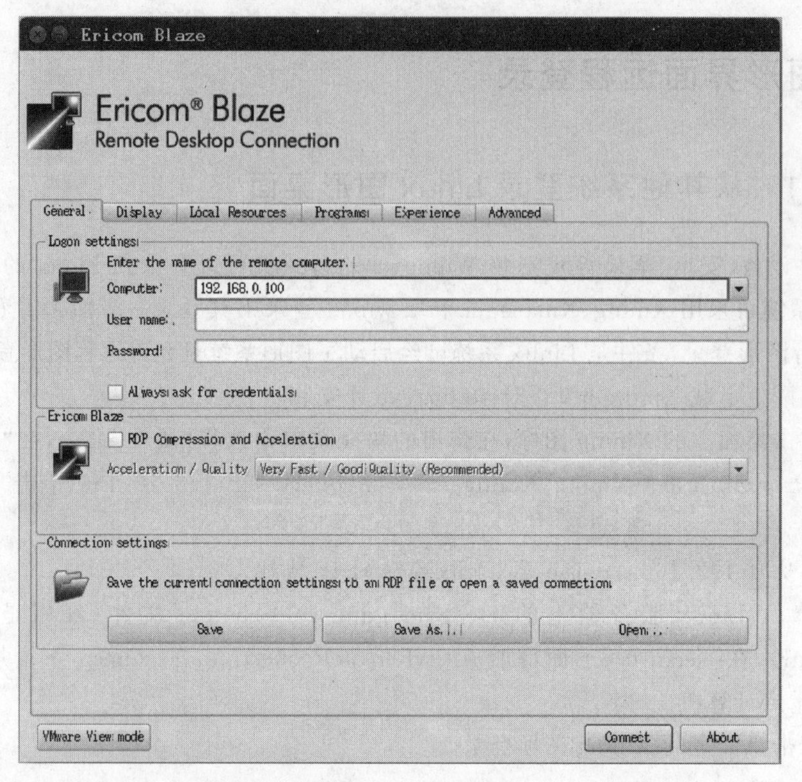

图 8.5　Blaze 登录界面

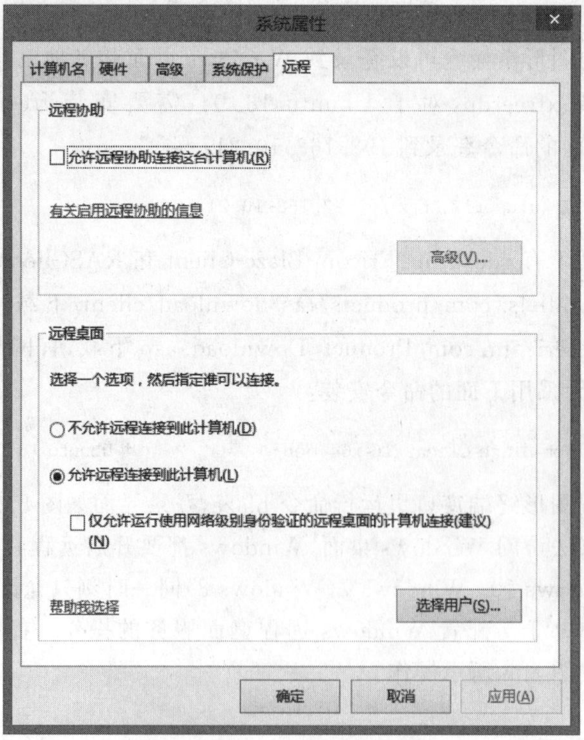

图 8.6　Windows 的远程登录客户端

8.5 知识拓展与作业

8.5.1 知识拓展

(1) Gnome 3.0 的新特征。

(2) X Protocol 协议规范。

(3) FreeNX。

服务器:

```
add-apt-repository ppa:freenx-team && apt-get update && apt-get install freenx
```

客户机:从 http://64.34.161.181/download/3.5.0/Windows/nxclient-3.5.0-7.exe 下载并安装。

8.5.2 作业

简述 Linux 图形桌面系统的组成和 X WINDOW 的架构。

第9章 Linux运维

本章学习目标：

- 掌握进程管理的基本方法
- 掌握系统资源查看方法
- 掌握任务管理的基本方法
- 掌握重要数据的备份与恢复

对于 Linux 管理员来说，安装和配置好一个应用系统只是万里长征走完了第一步，此后无休止地进行健康检测、性能优化、数据备份与恢复以及处理日常问题等才是噩梦的开始。运维的目的是为了保证企业信息数据的持续可用性和绝对安全性。可以借助于一些 IT 运维工具来提高效率，例如 Zabbix 就是一个不错的开源 IT 设备监控工具。

9.1 进程管理

9.1.1 进程的概念

在 Linux 系统中运行一个程序(例如执行一个命令)时，操作系统首先会产生一个进程——分配内存、读入代码、建立任务结构体(进程控制块，其中有一个唯一进程 ID 号)，然后把此进程插入到就绪队列中等待 CPU 调度。启动 Linux 并执行内核完成初始化工作后首先启动 1 号进程(默认是/sbin/init)，然后由 1 号进程产生后续的若干子进程，有的子进程又产生更多的子进程，从而使得整个 Linux 系统中的进程形成了一个倒置的进程家族树，如图 9.1 所示。

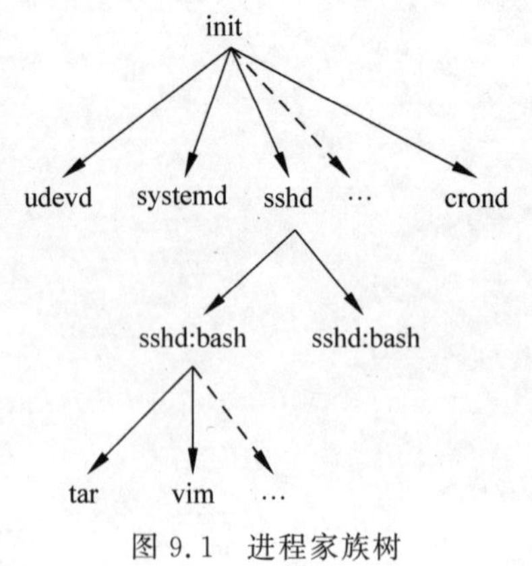

图 9.1 进程家族树

在 Linux 系统中，任何一个进程都有父进程和一个唯一进程 ID 号，init 的进程 ID 号是 1，其父进程 ID 号是 0。进程状态有就绪、运行、暂停、不可中断等待、可中断等待和僵尸状态(见图 9.2)，每一个进程在任何时刻只处于一种状态，处于同一种状态中的进程形成一个队列，对于单核或者非对称多处理器(SMP)的计算机，每时每刻只有一个进程处于运行状态。对于进程的状态转换要注意以下几点。

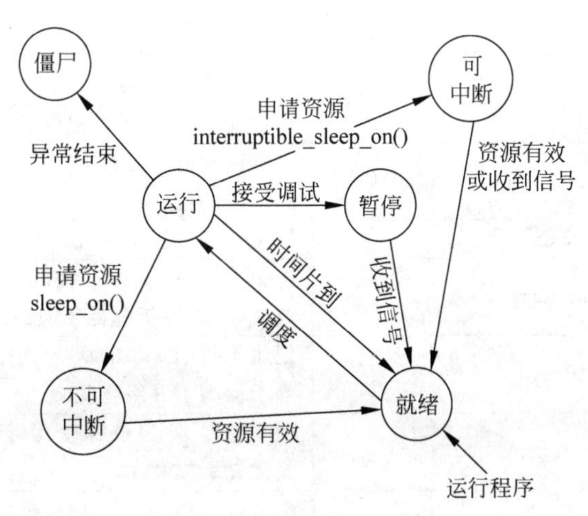

图 9.2 进程状态变换

(1) 运行的程序首先进入就绪状态的进程队列，等待 CPU 调度去执行。

(2) 当一个进程退出时，自动关闭打开的文件，释放各种资源，然后向其父进程返回自己的退出状态值，但如果存在缺陷(bug)，父进程并没有收到子进程的退出值，此时的子进程就演变为僵尸进程。僵尸进程并不消耗系统资源，但会占用一个进程 ID 号。

(3) 当进程申请的资源得不到满足时，进程进入等待状态。等待分为不可中断等待和可中断等待两种状态，前者表明进程与世隔绝，向它发送任何信号都无济于事，只有申请的资源得到满足时才转换到就绪状态；而后者仍然可以接收外界信号而被唤醒，然后转换到就绪状态。

Linux 系统中的进程具有优先级，－20～19 共 40 个级别，值越大优先级越低，默认是 0 级别，优先级高的进程具有更多的机会使用 CPU 等资源。优先级是动态可调的——可以在输入命令时指明优先级，也可以事后调整，调整的办法参见 9.1.2 节内容。

9.1.2 进程管理

表 9.1 中列举了一些进程管理命令。

表 9.1 进程管理

序号	命　令	说　明
1	ps 命令	查看系统中的进程(PID：进程 ID 号，PPID：父进程 ID 号，UID：启动该进程的用户 ID 号，CMD：执行的程序，NI：优先级)
2	ps axjf	显示进程树
3	ps -elf	显示进程的优先级
4	top	查看系统中的任务和资源消耗情况
5	pstree	以树状结构显示进程
6	nice -n <优先级> <命令>	以指定的优先级运行命令。普通用户只能指定大于 0 的优先级，超级用户没有限制
7	nice -n 10 tar -cjf etc.tar /etc/	以优先级 10 运行程序 tar -cjf etc.tar /etc

续表

序号	命　　令	说　　明
8	nice -n -15 ls -R /	以优先级－15 运行程序 ls -R /
9	renice	调整进程的优先级,普通用户只能调整为大于自己的进程的优先级
10	renice 5 12022	把 12022 号进程的优先级调整为 5
11	renice +4 -u daemon root	把属于用户 daemon 和 root 的所有进程的优先级值调大 4 级,等于降低了 4 级优先级
12	renice -5 -g class1	把属于组 class1 的所有进程的优先级值调低 5 级,等于提高了 5 级优先级
13	renice -1987 -u zsan -p 32	把 987 和 32 号进程以及属于用户 zsan 的全部进程的优先级提高 1
14	kill -<信号> <目标>	给进程发送信号,当<目标>大于 0 时表示具体的进程号,等于 0 时表示与当前进程同组的所有进程,等于－1 时表示所有进程号大于 1 的进程,$-n$ 时表示属于组号 n 的全部进程($n>1$)。普通用户发送的信号有限制
15	kill -l	列出全部的有效信号
16	kill -9 1235	向 1235 号进程发 KILL 信号,强行杀死它
17	kill -HUP 0	向与当前进程同组的所有进程发送挂起信号
18	kill -3 -1000	向属于组 1000 的全部进程发信号 3

注意:僵尸进程是杀不死的,消灭僵尸进程的两个办法是重启计算机或者杀死其父进程,把僵尸进程的父进程杀死,那么僵尸就由 init 进程收尸入殓。但如果僵尸的父进程正在处理关键应用,最好不要贸然杀之。另外,处于不可中断等待状态的进程也是杀不死的,因为它不接收任何信号,解决它也有两个办法:其一是重启计算机,其二是创造它正在等待的资源。例如正在编辑处于 NFS 上的文件时 NFS 服务器崩溃,那么编辑文件的那个进程就转换为不可中断等待状态,只有 NFS 服务器恢复正常后,此进程才回到就绪状态。

9.2 系统资源管理

9.2.1 计算机资源概述

日常运维的一项重要工作就是密切观察各种资源的使用情况,当某类资源成为瓶颈时就要采取措施了。计算机系统的四大资源包括:CPU 资源、内存资源、文件系统资源和 I/O 设备资源。其中,CPU 资源是最重要的资源,就像空气对于人类一样重要,因为目前的计算机配置,CPU 资源往往是最宽裕的,平均使用率在 20%以下;而内存资源很容易成为计算机整体性能的瓶颈,不管是速度方面还是容量方面都需要进一步提高;文件系统资源主要指硬盘,具体体现在容量和速度两个方面,尤其是频繁访问磁盘的后台应用,硬盘子系统的选择和规划非常重要,必须加以重视;I/O 设备资源一般指网络 I/O 吞吐,具体体现在网络带宽和延时(即容量和速度)两个方面,对于一些带宽消耗性应用(例如流媒体推送),网络

I/O一般是瓶颈。

综上所述，每一种资源都可用容量和速度来衡量，有的应用对资源的容量敏感，而有的应用却对资源的速度敏感，也存在既对容量敏感也对速度敏感的应用。所以系统资源的规划和调优要针对具体的应用，而且管理员的经验非常重要。资源的容量和速度之间的关系本质上就是空间和时间的关系，而时空是可以相互转换的，对于这一点，编写过程序的人应该很清楚——内存资源的消耗量和程序代码执行速度往往是成正比的，即为了节约资源，往往以牺牲代码执行速度为代价。

知识小提示：

网络带宽和延时。这是两个完全不同的概念，带宽与路径上的路由和交换快慢有关，而延时只与路径有关，只要路径一样，那么延时也一样。就像连接两地的公路，带宽相当于车道(公路宽度)，而延时相当于汽车从甲地到乙地需要的时间。在网络中，信息的传输速度接近光速。

9.2.2 资源管理

资源管理包括资源消耗统计分析和优化，后者是目的，前者是手段。这里只介绍前者，因为本书是入门读物，至于如何优化资源有专门的书籍进行介绍。

1. 查询CPU使用情况

查询CPU使用情况的命令如表9.2所示。

表9.2 查询CPU使用情况

序号	命 令	说 明
1	uptime	查看CPU运行时间和平均负载
2	more /proc/cpuinfo	查看CPU的参数指标
3	sar -u ALL 10 5	以10s为周期，连续统计5次所有CPU的使用情况
4	top	参考图9.3的详细说明

top命令的显示界面如图9.3所示。

top命令实时显示各种资源的使用情况，按Q键可以退出，按数字“1”键切换查看每个CPU核的使用情况；按F键，然后增加P列数据，再按Esc键返回到top查看界面，发现每行末尾增加了一列P，指名每个程序运行在哪个CPU核心上。该图显示了7个方面的信息，从上到下依次如下。

(1) 当前时间和系统运行时间，图9.3中表示已经运行了10min。

(2) load average：0.00，0.07，0.07表示前5、10、15min就绪队列的平均长度。

(3) 有266个进程，1个在运行，189个在睡眠，停止(调试目的)进程数为0，僵尸进程数为0。

(4) CPU使用情况：普通用户进程消耗0.1%(0.1%us)，内核模式消耗0.1%(0.1%sy)，低优先级用户进程(使用命令nice调低过级别)消耗0.0%(0.0%ni)，CPU空闲率为99.8%。

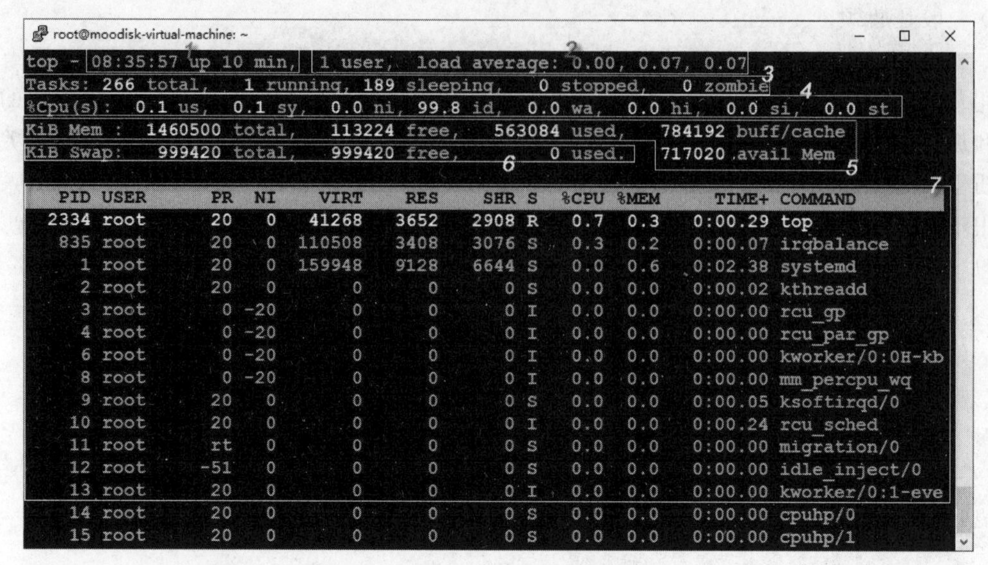

图 9.3 top 命令的显示结果

(5) 内存(Mem)使用情况：总内存大小为 1 460 500KB，其中已使用 563 048KB，剩余 113 224KB。在已使用的 1 347 276KB 当中，784 192KB 用于硬盘的缓冲(buffer/cache)。

(6) 交换区(Swap)使用情况：交换区总的大小为 999 420KB，目前全部是空闲的。

(7) 显示所有进程，默认是按 CPU 使用率由大到小排序。PR——Priority(优先级)、NI——Nice、VIRT——虚拟内存大小、RES——物理内存大小、SHR——共享内存大小、S——进程状态。

2. 查询虚拟内存使用情况

查询虚拟内存使用情况的命令如表 9.3 所示。

表 9.3 查询虚拟内存使用情况

序号	命　令	说　明
1	free	查询内存使用方面的简要信息
2	more /proc/meminfo	查看内存的参数指标
3	vmstat 20 8	以 20s 为周期，连续统计 8 次内存的动态使用情况
4	sar -rR 30 60	以 30s 为周期，连续统计 60 次内存使用情况

3. 查询分区使用情况

查询分区使用情况的命令如表 9.4 所示。

4. 查询网络使用情况

查询网络使用情况的命令如表 9.5 所示。

表 9.4 查询分区使用情况

序号	命　　令	说　　明
1	fdisk -l	查看计算机中所有硬盘和USB盘的分区
2	df -T	查看已挂载分区的使用情况
3	du -sh /etc	统计目录/etc占用磁盘的大小
4	iostat -d -x sda1 60 10	以60s为周期，连续统计10次分区/dev/sda1的使用情况
5	iostat -p sda 30 6	以30s为周期，连续统计6次硬盘sda上所有分区的使用情况
6	sar -rR 30 60	以30s为周期，连续统计60次内存使用情况

表 9.5 查询网络使用情况

序号	命　　令	说　　明
1	ping 192.168.10.100	检查本机与IP地址为192.168.10.100之间的网络是否通畅
2	traceroute www.chinaunix.net	跟踪到达www.chinaunix.net的网络路径
3	netstat -rn	显示本机路由表，也可以用route命令查看
4	ifconfig	显示本机所有网卡的配置参数
5	ethtool ens33	查看ens33网卡的设置。红帽系统是ethtool enp0s3
6	netstat -tlnp	查看被监听的TCP端口
7	netstat -unlp	查看被监听的UDP端口
8	arp -n	查看arp表
9	lsof -i :8070	查看监听8070号端口的程序
10	sar -n DEV 30 100	统计全部网卡的流量(以30s为周期统计100次)
11	sar -n EDEV 50 70	统计全部网卡出错的流量(以50s为周期统计70次)

9.3 定时任务

Linux系统中的定时任务是指在将来某个时点或者系统平均负荷下降到某种程度时执行的命令，定时任务可分为两类，一类是周期性任务(执行多次)，另一类是一次性任务(执行一次)。Linux系统管理员一般会安排几个定时任务来完成一些例行工作，如凌晨4点做系统时钟同步，零时打补丁，当系统平均负荷低于0.8时备份数据等。

9.3.1 周期性定时任务

采用命令“crontab -e”进入编辑定时任务界面，每一行代表一个定时任务，以“#”开头的行为注释行，一行分成6列，格式是：

分钟　小时　日期　月份　星期　调度的作业(命令)

即要写清楚在什么时候执行什么命令。其中“分钟”“小时”“日期”“月份”“星期”列允许出现的字符有：“数字”“—”“*”“/”“,”。

分钟范围是0～59，小时范围是0～23，日期范围是1～31，月份范围是1～12，星期范围是0～7 (0或7代表星期日，星期还可以采用英文缩写：mon，tue，wed，thu，fri，sat和sun)。具体的例子如表9.6所示。

表 9.6 一些定时任务的例子

序号	定时任务	说明
1	10 4 * * * /bin/databasebackup.bash	每天的 4：10 执行/bin/databasebackup.bash
2	0 4 */2 * * /usr/sbin/slapcat	每隔一天的 4 点钟执行命令
3	0 22 * 5,8,11 1-5 wall "It's 10pm"	5 月、8 月和 11 月的工作日晚上 10 点向所有的登录用户发消息
4	5 4 * * tue /bin/echo "Sunday"	每个周日的 4：05 执行命令
5	0 23-7/2,8 * * * /usr/sbin/ntpdate	每天晚上 11 点到第二天早上 7 点之间每隔两小时以及早上 8 点执行时间同步命令

注意：首次运行 crontab -e 提醒选择编辑器，以后再运行就不提醒了，选中的编辑器保存在～/.selected_editor，删除此文后，又会提醒选择编辑器。

采用命令 crontab -l 可以列出当前用户的定时任务。

9.3.2 一次性定时任务

采用命令 at 和 batch 可以安排一次性任务，at 是定时任务，而 batch 是条件任务，即满足某种条件(如平均负荷很低)时执行命令。一次性任务中的命令一执行完毕(不管成功与否)，对应的任务就自动消失，如表 9.7 所示。

表 9.7 一次性定时任务

序号	定时任务	说明
1	at [-f file] time	在 time 时点执行 file 文件中的命令，如果没指定 file 文件，那么从键盘读取命令
2	at 22:00 <<<"shutdown -h now"	今天晚上 10 点关闭系统，如果现在已经过了 10 点，那么次日晚上 10 点关机
3	at now +10 minutes <<<"wall notice.txt"	再过 10min 广播文件 notice.txt 的内容
4	at 23:59 12/31/2019 at > cd /tmp at > mkdir -p a/b/c at > echo "all done" at > < EOT >	在 2019 年的最后一秒执行命令 cd /tmp，mkdir -p a/b/c，echo "all done"。< EOT >表示同时按下 Ctrl 和 D 键
5	at 5pm + 3 days << EOF /usr/sbin/ntpdate ntp.ubuntu.com EOF	3 天后的下午 5 点与 ntp.ubuntu.com 做时钟同步
6	at -f /opt/file.cmd 4am tomorrow	明天上午 4 点执行文件/opt/file.cmd 中的命令，file.cmd 要先创建好
7	at -l	列出全部的一次性定时任务。任务要执行的具体命令请查看目录/var/spool/cron/atjobs 下的相应文件

续表

序号	定 时 任 务	说　明
8	at -r 6	删除 6 号定时任务
9	batch <<<"bzip2 -9 bigfile.dat"	在系统平均负载较低(<1.5)时执行压缩命令
10	batch at > tar -cjf /tmp/backup.dat /opt/data at > <EOT>	在系统平均负载较低(<1.5)时执行数据打包压缩备份命令

9.4 备份与恢复

把生产系统中的数据备份出来，以增加数据的安全性。备份可分为在线备份和离线备份，全量备份和增量备份，异地备份和本地备份，实时同步备份和非实时备份，底层块级备份和文件系统级备份。

9.4.1 系统文件备份

经过管理员连续数日的奋战，成功安装并配置完毕 Linux 系统，在准备转产之前，最好对整个 Linux 系统做一份备份——系统文件备份，并且对全部文件统一盖一个时间戳(把文件的修改日期改为当天)。系统文件备份的次数比较少，不像业务数据备份那么频繁，业务数据几乎每天都要备份，对于一些关键数据，备份周期可能更短。

系统文件备份需要在 Linux 系统关闭的情况下进行，对于已经启动的 Linux 系统做系统文件备份没有意义，因为启动的 Linux 系统是动态变化的。做系统文件备份的操作步骤大致如下。

(1) 关闭 Linux 系统。

(2) 用 Live CD 或者安装光盘启动计算机，并进入命令行。

(3) 挂载根分区(如/dev/sda1)到/mnt 目录。

(4) 创建一个空目录(如/tmp/back)，并把备份分区或者 U 盘挂载到这个空目录。

(5) 进入/mnt，通过执行下面的命令盖上时间戳：2019-10-1 08：00。

```
find . -exec touch -t 201910010800 '{}' \;
```

(6) 对/mnt 下的全部文件打包压缩到第(4)步创建的空目录中。

```
tar -cjf /tmp/back/rootfs.tar.bz2 ./*
```

(7) 重新从硬盘启动系统，备份完毕。

9.4.2 业务数据备份

应用不同，备份的策略往往也不同。涉及的备份一般有数据库、配置文档、目录服务数据、网页文件、邮件以及各种电子文档资料等。为了保证应用的持续可用性，大部分企业的

IT 生产环境中的应用策略是 7×24 不间断运行,所以停机备份几乎是不可能的了。由于生产数据时时变化,在线备份必然会导致数据不一致。为此,许多企业引入了数据快照技术,很好地解决了这个问题。

备份毕竟是一种保护性的防御措施,如果不是实时备份,无法杜绝数据丢失的现象,为此人们开发了保证数据安全的新技术:一种是基于磁盘块的网络镜像技术,另一种是数据冗余存储技术。前者在 Linux 系统中的代表软件有 drbd、nbd,它们的原理相似,就是把计算机的分区通过网络镜像到其他计算机上;后者的代表软件是 ceph、zfs 文件系统、lustre 等,其中心思想是存储设备都是不可靠的,所以数据被多份存储在不同的地方。

9.5 知识拓展与作业

9.5.1 知识拓展

(1) 了解 zabbix。

(2) buffer 和 cache 的区别。

buffer 的目的是为了实现异步通信,如键盘 buffer、硬盘 buffer、打印机 buffer 等,而 cache 的目的是为了降低通信成本(主要是时间成本),如 CPU 引入三级缓存来降低访问内存的时间成本,再例如为了降低访问硬盘的时间成本,引入了磁盘 I/O 高速缓存(在内存中)。在网上搜索 difference between buffer and cache 可以得到更多的资料。

(3) Linux 系统中的数据快照(snapshoot)技术。

(4) 红帽 8.0 运维管理工具 OpenLMI 的用法,采用命令“dnf -y install openlmi-*”安装。

(5) 开源 ceph 存储项目。

9.5.2 作业

(1) 计算机的资源类型主要有哪些?在 Linux 系统下,如何观察各类资源的使用情况?

(2) 安排一个定期执行的任务:

在 3～6 月以及 10 月的周二～周四的 3:00 执行一个任务,该任务列出根目录下的文件并保存到/tmp/root.txt 中,然后把/tmp/root.txt 发送到计算机 192.168.1.14 上的目录/tmp 下(发送命令使用 scp,用户名是 backup,假定两台计算机建立了信任关系,所以不用输入密码),最后删除本机上的/tmp/root.txt 文件。

第10章 编程基础

本章学习目标：

- 了解 Bash 脚本程序的语法
- 能编写简单的 Bash 脚本程序
- 掌握 Linux 下 C 语言编程基础知识

需要计算机经常做同样的事情吗？在夜深人静的凌晨 4 点需要计算机完成一些备份任务和健康检查吗？想避免经常输入大量的命令所带来的烦恼吗？如果对任何一个问题回答“是”，那么就去学习 Shell 编程吧，学好 Shell 编程是一个一劳永逸的办法，掌握 Shell 编程是每一个 Linux 系统管理员必备的技能。把需要计算机执行的那些 Linux 命令罗列到一个文件里，再加上一些控制语句，这就是一个 Shell 程序，而且不用编译，Shell 程序是一种解释型语言，即脚本程序。执行 Shell 程序有两个方法，一是“Bash 程序名”，另一个是先赋予其可执行权限，然后直接执行。本章最后简单介绍在 Linux 中如何编写、编译 C 语言程序。

10.1 Bash 编程基础

10.1.1 Shell 程序：Hello World

最简单的 Shell 程序可以不包含语句，即空文件就是一个 Shell 程序！采用命令“touch abc.bash; chmod +x abc.bash”即可产生一个最简单的可执行的 Shell 程序，但是这个 Shell 程序没有任何作用。

好了，接下来编辑一个有用的 Shell 程序，执行它会在屏幕上显示：Hello World。用 Vim 编辑文件 hello，进入插入模式后输入下面一行内容：

```
echo "Hello World"
```

然后存盘退出，执行命令“chmod +x hello”赋予其可执行权限，然后直接运行它：

```
./hello
```

这样屏幕上就显示 Hello World 了。

10.1.2 Bash 脚本语言介绍

用户登录的 Shell 程序就是一个 Shell 程序解释器，Shell 程序就是由解释器来解释执行的，Linux 下常用的用户登录 Shell 程序有 Bash、sh、csh、tcsh 和 ksh 等，它们同时又是 Shell 程序解释器。解释器不同，相应的 Shell 编程语法也有所差别，不过这种差别是微弱的。Perl 和 PHP 也是脚本语言，前者具有强大的字符正则表达式处理能力，能轻松处理各种字符流文件，而 PHP 主要是做动态网页的，著名的网站套件 LAMP 中 P 就是指 PHP 语言。

Bash 是 Linux 默认的 Shell 程序解释器，这里就以它为例来讲述 Shell 编程。经常在 Shell 程序的首行指明本 Shell 程序采用哪个解释器来解释执行它，格式是：

```
#!/bin/bash
```

如果没有指明，那么就采用用户登录 Shell 程序来解释执行，用命令“echo $SHELL”可以查看自己的登录 Shell 程序名。

10.1.3 结构和基本语法

从图 10.1 可以看出，Shell 程序由三部分组成：首行、注释行和程序体。首行以“#!”开头指定解释器，如果省略就采用当前用户的登录 Shell；除首行外以“#”开头的行是注释行；其作都是可执行语句，即程序体。

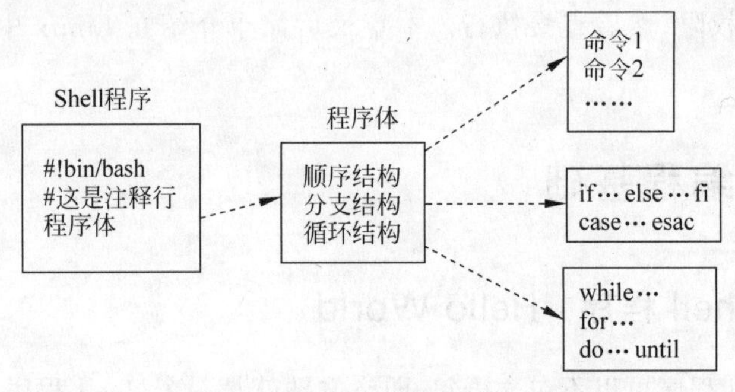

图 10.1　Shell 程序结构

程序体可能包括三类结构的语句：顺序结构、分支结构和循环结构，这与其他编程语言一样。

10.1.4 变量

1. 普通变量

Shell 变量没有类型，赋值的同时定义了变量，根据赋值的类型来决定变量的类型，同一个变量可以多次被赋值，而且每一次赋值可以重新改变变量的类型。引用变量的格式是 ${变量名}。例子参考表 10.1。

表 10.1 变量的定义和引用举例

序号	Shell 语句	实　　例
1	vim var.bash	用 Vim 编辑 Shell 文件 var.bash
2	i = 1	定义整型变量 i,并给它赋值 1
3	abc = "Hello World"	定义字符串变量 abc,并赋值 Hello World
4	echo ${abc}	引用变量 abc,在屏幕上显示它的值
5	j = `expr ${i} + 1`	变量 i 加 1 并赋值给 j 变量 注意:反撇号"`"不是字符串引号"'"
6	echo ${j}	显示变量 j 的值
7	abc = 100	重新定义变量 abc,赋值 100,这时 abc 是整型变量

2. 数组变量

Bash 支持一维数组变量,数组下标从 0 开始编址,定义数组的语法如下:

```
数组变量名 = (值 1  值 2  值 3  …)
```

例如,定义一个包括 5 个元素的一维数组 Users:

```
Users = (Zsan  Lisi  Wanger  Mazda  "xiao yu")
```

结果是: ${Users[0]}="Zsan", ${Users[1]}="Lisi", ${Users[2]}="Wanger", ${Users[3]}="Mazda", ${Users[4]}="xiao yu"。

下标[*]表示整个数组,如命令"echo　${Users[*]}"显示数组中全部元素的值"Zsan Lisi Wanger Mazda xiao yu", ${#Users[*]}返回数组元素的个数, ${#Users[2]}返回数组元素 Users[2]值的长度,如"echo　${#Users[2]}"命令返回 6(因为 Wanger 包含 6 个字符)。

可以单独修改一个数组元素的值,例如 Users[1]=wlm 就把 Users[1]的值由原来的 Lisi 改为 wlm。数组之间直接赋值采用如下的命令语法:

```
新的数组变量名 = ("${旧数组变量名[*]}")
```

例如 Account=("${Users[*]}"),定义了一个新的数组,元素个数和值与 Users 数组完全一样。

3. 特殊变量

特殊变量由 Bash 自动定义和赋值,用户不能修改,使用特殊变量有时能带来意想不到的效果。下面列举一些常见的特殊变量。

(1) $$: 表示当前进程的进程号,即 PID。例如在 Shell 程序中的一条语句"echo $$"就会显示当前进程号。

(2) $?: 前一个命令的退出状态。在 Linux 中,任何一个程序执行完后都会向父进程返回一个整数型的退出状态,0 表示程序执行成功,1 表示程序执行失败。例如在 Shell 程序中如果有以下两条语句:

```
    ⋮
rm  /usr/doc
```

```
echo  $?
  ⋮
```

如果删除目录/usr/doc成功,那么"echo $?"显示0,否则显示1。

(3) $#:命令行参数的个数,不包括命令本身。例如在命令行输入"./abc.bash a1 wlm wanger",执行的命令是"./abc.bash",参数是"a1 wlm wanger",显然命令行参数个数为3,即$#的值是3。

(4) $0:代表命令本身。还是上面这个例子,那么$0的值就是./abc.bash。

(5) $1-$*n*:代表具体的命令行参数。仍然是上面的例子,那么$1中保存a1,$2的值是wlm,$3的值是wanger。注意:当*n*大于9时,需用{}括起来,如${10}, ${14}等。

(6) $*:保存了全部的命令行参数。在上面的例子中,$*的值是"a1 wlm wanger"。

10.1.5 控制语句

1. 顺序结构体

顺序结构体包括一系列的命令,从上往下顺序执行,如表10.2所示的顺序结构例子。

表10.2 顺序结构体举例

序号	顺序结构体中的语句	实　例
1	vim serial.sh	用Vim编辑Shell文件serial.sh
2	#!/bin/sh	指明解释器为/bin/sh
3	cd /opt/abc	进入目录/opt/abc
4	touch stamp	修改文件的日期为当前日期
5	tar -jcf backup.dat.bz2 /etc/init.d/	打包压缩/etc/init.d目录
6	scp backup.dat.bz2 back_server:/back/	把文件上传到备份服务器上
7	rm backup.dat.bz2	删除本地的压缩文件

2. 分支结构体

1) 判断表达式的真假

test 表达式

或者

[表达式]

表达式为"真"则上述语句返回0,或者返回1。表10.3中列举了一些逻辑判断的例子。

表10.3 逻辑判断举例

序号	判断表达式	实　例
1	!表达式	"表达式"的值取反
2	表达式1 -a 表达式2	两个表达式相"与"
3	表达式1 -o 表达式2	两个表达式相"或"操作

续表

序号	判断表达式	实　　例
4	-z string	string 为空字符串，则为真
5	-n string	string 不为空字符串，则为真
6	string1 = string2	两个字符串相等则为真
7	string1 ! = string2	两个字符串不相等则为真
8	INTEGER1 -eq INTEGER2	两个整数相等则为真
9	INTEGER1 -ge INTEGER2	整数 1 大于或等于整数 2 则为真
10	INTEGER1 -gt INTEGER2	整数 1 大于整数 2 则为真
11	INTEGER1 -le INTEGER2	整数 1 小于或等于整数 2 则为真
12	INTEGER1 -lt INTEGER2	整数 1 小于整数 2 则为真
13	INTEGER1 -ne INTEGER2	两个整数不相等则为真
14	-d FILE	如果 FILE 是目录则为真
15	-e FILE	如果 FILE 是文件则为真

例如：

```
[ -d  /opt/yild ] && cd /opt/yild
```

表示如果/opt/yild 是目录，那么就进入这个目录。

2）分支语句

if 分支语句语法：

```
if list; then list; [ elif list; then list; ]... [ else list; ] fi
```

如果 if 后的那个 list(命令序列，参见 6.2.3 小节)中的最后一个命令返回 0，那么就执行 then 后的 list，否则再判断 elif 后的那个 list，如果返回 0，则执行相应的 then 后的 list，如表 10.4 所示。

表 10.4　if 语句举例

序　　号	分支结构体中的语句	实　　例
1	vim ifexam1	用 Vim 编辑 Shell 文件 ifexam1
2	#!/bin/bash	指明解释器为/bin/bash
3	if [`id -u` -eq 0]; then	如果 UID=0，即超级用户，那么
4	PS1 = '# '	定义 Shell 变量 PS1='#'
5	else	否则
6	PS1 = '$ '	定义 Shell 变量 PS1='$'
7	fi	if 语句结束
8	vim ifexam2	用 Vim 编辑 Shell 文件 ifexam2
9	if test-d /usr/local/123	如果存在目录/usr/local/123，就进入
10	then	
11	cd /usr/local/123	
12	elif [-f /usr/local/123]; then	如果存在文件/usr/local/123，就
13	rm /usr/local/123	删除它
14	else	否则创建目录/usr/local/123
15	mkdir /usr/local/123	
16	fi	

case 分支语句语法：

```
case word in [pattern [| pattern]...) commands ;;]... esac
```

语句以 case 开始，以 esac 结尾，case 反过来写就是 esac，这点便于记忆。case 其实就是多分支条件语句：即 word 匹配到那个模式，就执行此模式后面的语句。举例如表 10.5 所示。

表 10.5　case 语句举例

序号	分支结构体中的语句	实　例
1	vim case1.bash	用 Vim 编辑 Shell 文件 case1.bash
2	#!/bin/bash	指明解释器为/bin/bash
3	case $1 in	判断命令行第一个参数的值。如命令行输入命令：./case1.bash 1 hel -g a，那么 $0=./case1.bash，$1=1，$2=hel，$3=-g，$4=a
4	[0-9]) echo "digital";;	如果 $1 是一个数字，那么显示 digital
5	[a-z]) echo "lower char";;	如果 $1 是一个小写字母，那么显示 lower char
6	[A-Z]) echo "upper char";;	如果 $1 是一个大写字母，那么显示 upper char
7	"Good") echo "OK";;	如果 $1 等于 Good，那么显示 OK
8	*) cd /tmp echo"Other";;	否则，进入/tmp 目录并显示 Other
9	esac	case 语句结束

表中第 8 行说明一个匹配模式后可以出现多条语句。

3. 循环结构

1) for 语句

for 语句语法：

```
for name [ [ in [ word ... ] ] ; ] do list ; done                    (1)
```

或者

```
for (( expr1 ; expr2 ; expr3 )) ; do list ; done                     (2)
```

语法(1)中的变量 name 从左至右依次赋 in 后面的值，每赋值一次，就执行一遍 list，直到赋值完毕，语法(2)类似 C 语言中的 for 循环语句。举例如表 10.6 所示。

表 10.6　for 语句举例

序号	循环结构体中的语句	实　例
1	vim forexam.bash	用 Vim 编辑 Shell 文件 forexam.bash
2	#!/bin/bash	指明解释器为/bin/bash
3	for i in 1 2 3 4 5 6	
4	do	共循环 6 次，最终显示的结果是：
5	echo -n "$i 次|"	1 次|2 次|3 次|4 次|5 次|6 次|
6	done	

续表

序号	循环结构体中的语句	实 例
7	for fil in * ;do	给当前目录下的全部文件名增加.old扩展名，如果遇到目录就退出循环(for循环中的 * 表示当前目录下的全部文件和子目录)
8	[-f ${fil}] && mv ${fil} ${fil}.old	
9	[-d ${fil}] && break	
10	done	
11	total = 1	计算 0～10 全部奇数的乘积，最终显示 945
12	for((i = 1; i < 10; i = i + 1))	
13	do	
14	[`expr $i % 2` -eq 0] && continue	
15	total = `expr ${total} \* $i`	
16	done	
17	echo ${total}	

2）while 语句

while 语句语法：

```
while list; do list; done
```

当 while 后的 list 返回 0 时执行 do 后的 list，直到 while 后的 list 返回非零时结束循环。命令序列 list 的返回值就是其中最后一条命令的返回值(参见 6.2.3 节)，整个 while 循环体的返回值就是最后执行 do 后的 list 的返回值。举例如表 10.7 所示。

表 10.7 while 循环语句举例

序号	循环结构体中的语句	实 例
1	vim whilexam.bash	用 Vim 编辑 Shell 文件 whilexam.bash
2	#!/bin/bash	指明解释器为/bin/bash
3	cat /etc/passwd | while read line	通过管道循环读取/etc/passwd 内容
	do	
4	user = awk -F: '{print $1}' <<<${line}	以：为分隔符，只读取第一个字段
5	echo"Account: ${user}"	把用户名显示出来
6	done	
7	vim wc.bash	编辑 wc.bash 文件
8	total = 0	定义整型变量 total，初始值为 0
9	while read line; do	读一行
10	total = (expr $total + 1)	累加 1
11	done < <(cat /etc/passwd)	显示/etc/passwd 文件内容并作为 while 命令的输入(输入重定向)
12	echo $total	显示变量 total 的值

3）select 语句

select 语句语法：

```
select name [ in word ] ; do list ; done
```

目前只有 ksh 和 Bash 支持此语句，执行它的顺序是：

(1) 扩展 word 中的通配符。

(2) 然后以 Shell 变量 IFS 的值作为分隔符,切割 word 成多个“项”,最后每个“项”前加一个序号并以列的形式显示到标准错误输出文件描述符(默认是屏幕)。

(3) 显示 Shell 变量 PS3 的值,并等待用户输入。

(4) 读取用户输入,如果输入的是“项”前的序号(数字),那么对应的“项”被赋给 name,否则 name 被赋 null(空)。

(5) 执行 list,如果遇到 break 则退出,或再次从第 1 步开始执行。

显然这是实现字符界面菜单的绝好语句,具体例子如表 10.8 所示。

表 10.8 select 循环语句举例

序号	循环结构体中的语句	实　例
1	vim selmenu.bash	用 Vim 编辑 Shell 文件 selmenu.bash
2	#!/bin/bash	指明解释器为/bin/bash
3	PS3 = "Please Select:"	执行的结果如下:
4	menus = "com|net|org|edu|quit"	1) com
5	IFS = "|"	2) net
6	select item in ${menus}	3) org
7	do	4) edu
8	case ${item} in	5) quit
9	com) echo"Apply com domain";;	Please Select:
10	net) echo"Apply net domain";;	
11	org) echo"Apply org domain";;	如果输入 3,那么 menu 变量被赋予 org,所以屏幕显示 Apply org domain,然后又显示菜单,继续等待用户选择
12	edu) echo"Apply edu domain";;	
13	quit) break;;	
14	esac	
15	done	

4) 循环控制语句

循环控制语句有 break 和 continue,这两条语句只能出现在循环体中,用于临时控制循环行为,break 语句是退出循环,continue 语句是进入下一轮循环。举例如表 10.9 所示。

表 10.9 break 和 continue 语句举例

序号	循环结构体中的语句	实　例
1	vim circle.bash	用 Vim 编辑 Shell 文件 circle.bash
2	#!/bin/bash	指明解释器为/bin/bash
3	for file in *	
4	do	
5	if [${file} = "." -o ${file} = ".."]	
6	then	对当前目录下的全部文件和子目录做备份。对于.和..目录不做处理,如果遇到文件 123 就退出循环
7	continue	
8	fi	
9	[${file} = "123"] && break	
10	cp -r ${file} ${file}.old	
11	done	

不过建议采用颜色和光标位置控制字符来设计漂亮的字符界面菜单，如图 10.2 所示。

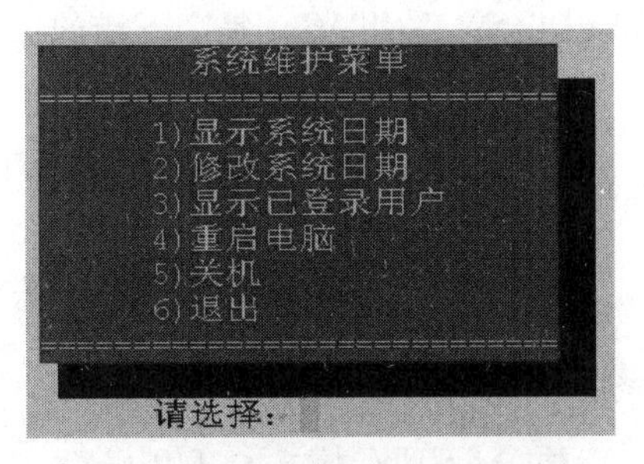

图 10.2 字符界面的菜单

10.1.6 Shell 程序调试

Shell 程序没有什么好的调试办法，因为它是解释性语言，常用方法是带-x 执行程序，例如要调试 file.bash 程序，可以执行：

```
bash  -x  file.bash
```

这样会把执行到的语句全部显示出来。如果 Shell 程序很长，可在需要调试的程序块前后增加调试标记——块前插入语句 set -v，块后插入语句 set ＋v，这样调试时只打印调试块中的执行语句。例如：

```
⋮
set -v
需要调试的语句
set +v
⋮
```

如果 Shell 程序实在太长，建议还是用其他语言来写，Shell 程序的语句最好不要超过 1000 行。

10.2 C 语言编程基础

Linux 内核本身是用 C 语言写的，并且绝大多数 Linux 命令也是用 C 语言写的，十几万行代码的开源软件项目中将近一半是采用 C 语言开发的。使用 C 语言编写的程序可以很大，也可以很小，而且运行的效率非常高(汇编语言的效率最高，其次就是 C 和 C++了)。本小节简略介绍在 Linux 下编写 C 语言程序的基本知识，算是抛砖引玉吧。

10.2.1 C 语言编程环境

1. 安装 C 语言开发软件包

首先要安装 C 语言编译器、函数库、头文件以及在线帮助文档资料等，红帽 8.0 采用如下命令安装(需要 210MB 的硬盘容量)：

```
dnf install "@Development Tools"
```

默认 Ubuntu 18.04 已经安装好了，如果没有，就采用如下命令安装：

```
apt -y install build-essential
```

2. 安装并配置编辑工具

输入 C 语言源代码需要编辑工具，Linux 下的编辑工具很多，有 Eclipse、Emacs、Vim

和 gedit 等，采用 Vim 是个不错的选择，执行下面的命令安装 Vim 和它的一些插件。

```
dnf install vim-*                                    #红帽 8.0
apt -y install vim vim-dbg vim-lesstif vim-youcompleteme vim-vimoutliner vim-scripts vim-doc
vim-dbg                                              #ubuntu 18.04
```

然后专门针对 C 语言，配置 Vim 的工作环境，采用下面的命令在家目录下产生一个 .vimrc 文件：

```
cat > $HOME/.vimrc << E"0"F
syntax enable
syntax on
set hlsearch
set tabstop = 4
set softtabstop = 4
set expandtab
set smartindent
set shiftwidth = 4
set autoindent
set cindent
set cinoptions = {0,1s,t0,n-2,p2s,(03s, = .5s,>1s, = 1s,:1s
set number
set nowrap
filetype on
colorscheme desert
if &term == "xterm"
set t_Co = 8
set t_Sb = ^[[4%dm
set t_Sf = ^[[3%dm
endif
EOF
```

此后采用 Vim 编辑 C 语言文件时就非常方便了，例如，编辑一个在屏幕上打印 Hello World! 的 C 语言文件 vim hello.c，输入的内容如图 10.3 所示，然后存盘退出 Vim。

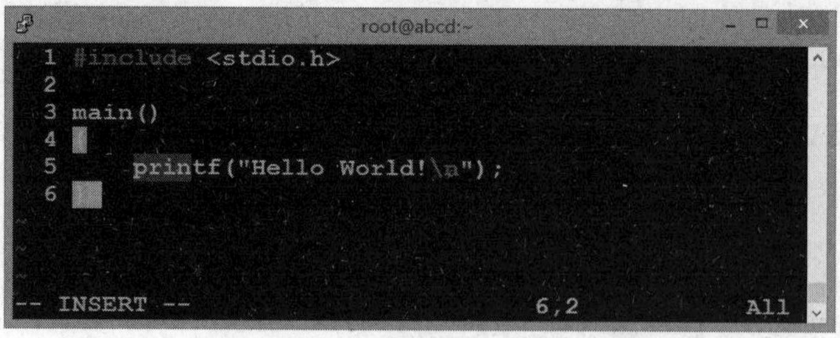

图 10.3　hello.c 程序

从图 10.3 可以看出，语法高亮显示，增加了行号，按格式自动缩进，其实还有很多很好的特征。

3. gcc 编译命令的用法

C 语言源程序写好了，接下来就是编译，Linux 下采用 gcc 命令来完成编译工作。gcc 编译器功能非常强大，作为 C 语言编译基础，参照下面的命令格式就可以了，想深入学习的读者可以参照在线帮助文件 man gcc 或者网上查阅相关资料。

```
gcc  -o  myhello  hello.c
```

即编译 C 语言源文件 hello.c，如果没有语法错误，则在当前目录下面产生可执行的程序 myhello。“-o”参数后面跟一个文件名，指明编译生成的可执行程序的文件名，可以随便取名。成功编译之后就可以运行程序了，采用命令：

```
./myhello
```

运行结果如图 10.4 所示。

```
root@abcd:~
[root@abcd ~]# gcc -o myhello hello.c
[root@abcd ~]# ./myhello
Hello World!
[root@abcd ~]#
```
程序运行的结果

图 10.4 程序运行结果

4. 获得 C 语言函数的帮助

Linux 下带有丰富的 C 语言函数帮助文档，可以随时查询在线帮助信息，例如获取函数 fopen 的用法采用命令 man 3 fopen，如图 10.5 所示。

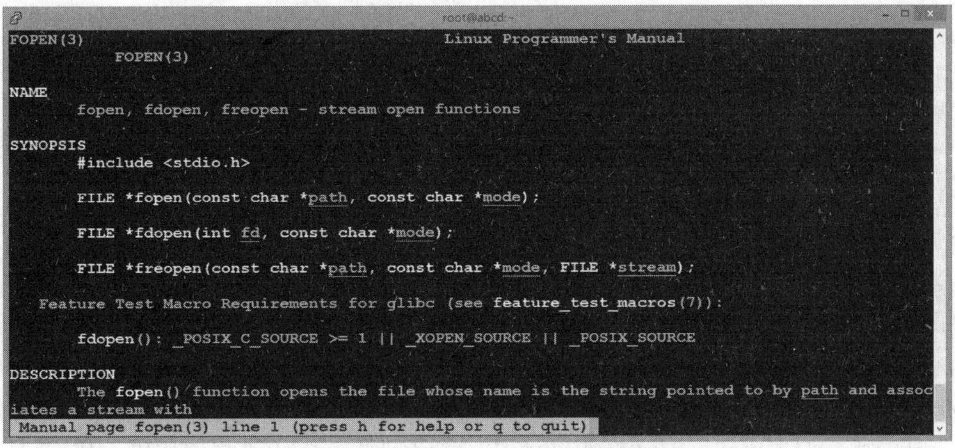

```
root@abcd:~
FOPEN(3)                                    Linux Programmer's Manual
        FOPEN(3)

NAME
       fopen, fdopen, freopen - stream open functions

SYNOPSIS
       #include <stdio.h>

       FILE *fopen(const char *path, const char *mode);

       FILE *fdopen(int fd, const char *mode);

       FILE *freopen(const char *path, const char *mode, FILE *stream);

   Feature Test Macro Requirements for glibc (see feature_test_macros(7)):

       fdopen(): _POSIX_C_SOURCE >= 1 || _XOPEN_SOURCE || _POSIX_SOURCE

DESCRIPTION
       The fopen() function opens the file whose name is the string pointed to by path and assoc
iates a stream with
 Manual page fopen(3) line 1 (press h for help or q to quit)
```

图 10.5 fopen()函数的用法

从图 10.5 可以看出：要使用 fopen()函数首先要包含头文件< stdio. h >，fopen()函数的原型是“FILE * fopen(const char * path, const char * mode)；”，这就知道了函数的返回值和各个形参的类型。

5. 一些技巧

在开发较大型的 C 语言程序时，初始编译会报很多的语法错误，然后又要采用 Vim 修改源程序，这样不断地编译、修改操作有一个技巧，即不用退出 Vim 直接编译：首先存盘不退出(:w)，然后执行底行命令“:! gcc hello. c”直接编译，如图 10.6 所示。

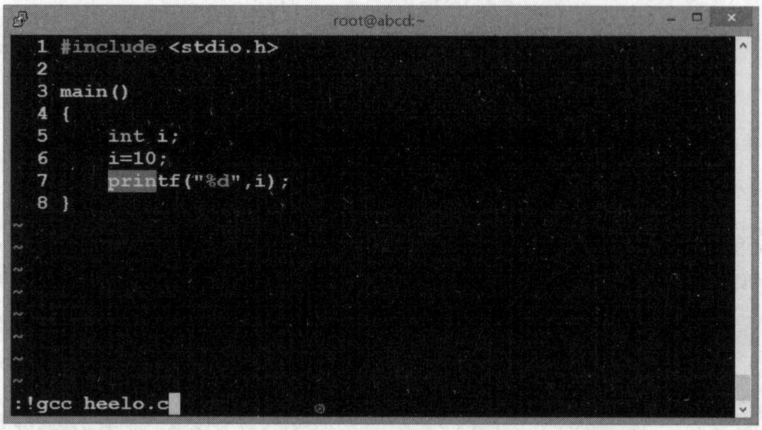

```
  1 #include <stdio.h>
  2
  3 main()
  4 {
  5     int i;
  6     i=10;
  7     printf("%d",i);
  8 }
:!gcc heelo.c
```

图 10.6　在 Vim 中直接编译

另一个技巧是在 Vim 中输入代码时多用代码整理命令 gg=G，按缩进格式整理代码。

10.2.2　进程编程

在 Linux 中开发 C 语言程序，比较有挑战性的是进程编程、网络编程和进程间通信，本小节简要介绍进程编程，10.2.3 节介绍网络编程，进程间通信就不介绍了。

fork()是产生子进程的函数，它的原型是：

```
#include < unistd.h >
pid_t fork(void);
```

首先要在 C 语言文件中包含头文件< unistd. h >，fork 函数的返回值类型是 pid_t，是 int 型，如果 fork()函数调用成功，那么就产生了一个子进程(与父子进程的代码一模一样，两个进程都继续执行 fork()函数之后的语句)，在父进程中，fork()函数的返回值就是子进程的进程号，是大于 0 的，而在子进程中，fork 返回 0，所以一般在 fork()函数的下面安排条件判断语句，根据 fork()函数的返回值来安排执行不同的语句。另外 fork()函数没有形参，调用它时不用带参数。例如，用 Vim 编辑源文件 proc. c，输入图 10.7 所示的代码，存盘退出 Vim 后编译 gcc -o proc proc. c，最后执行. /proc，执行的结果如图 10.8 所示。

fork()函数调用成功后，在内存中会产生一个子进程，父、子进程的代码一样，并且都执行 fork()函数之后的那条语句，但是 fork()函数返回值在父、子进程中是不一样的，如图 10.9 所示。

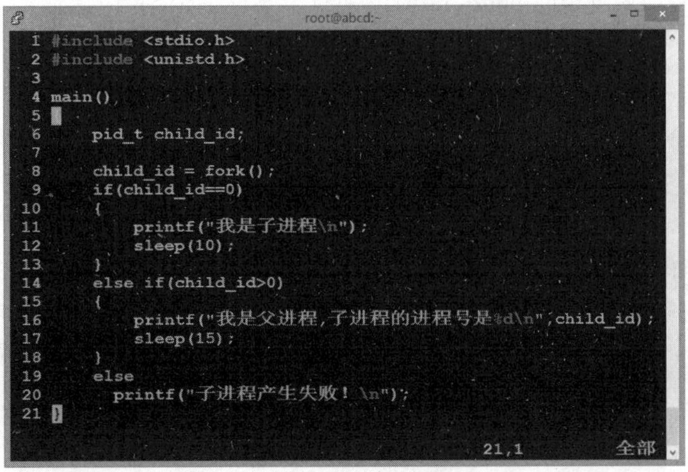

```
1 #include <stdio.h>
2 #include <unistd.h>
3
4 main()
5 {
6     pid_t child_id;
7
8     child_id = fork();
9     if(child_id==0)
10    {
11        printf("我是子进程\n");
12        sleep(10);
13    }
14    else if(child_id>0)
15    {
16        printf("我是父进程,子进程的进程号是%d\n",child_id);
17        sleep(15);
18    }
19    else
20      printf("子进程产生失败！\n");
21 }
                                        21,1          全部
```

图 10.7 fork 实例

```
[root@abcd ~]# gcc -o proc proc.c
[root@abcd ~]# ./proc
我是父进程,子进程的进程号是2141
我是子进程
```

图 10.8 父、子进程运行结果

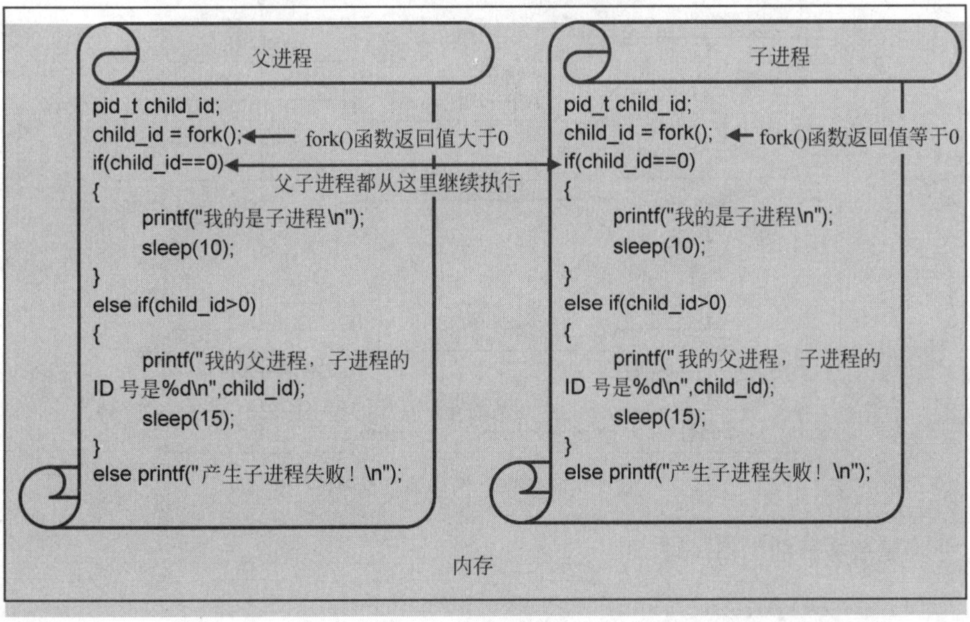

图 10.9 fork()子进程

在父、子进程中通过判断 child_id 的值来执行不同的语句,因此最终它们完成的工作不同。

10.2.3 网络编程

网络编程用于解决两个进程间的通信问题,通信双方可以在同一台计算机上,也可以在不同的计算机上,前提是两台计算机之间的网络是通的——即一方能连通另一方的通信端口。网络编程有两种通信方式,一是基于超链接的 TCP 方式,二是基于报文的 UDP 方式,如果把前者比喻成打电话,那么后者就可比喻成发短信了。主动发起连接的一方是主叫方(客户端 Client),另一方是被叫方(服务器 Server),网络编程属于 C/S(客户机/服务器)模式。

1. TCP 网络编程

TCP 网络编程框架如图 10.10 所示,从图中可以看出:网络编程主要是调用几个固定的函数,如 socket()、bind()、listen()等,服务器调用的函数则多一些。熟练掌握这几个函数的用法后,网络编程就不难了。

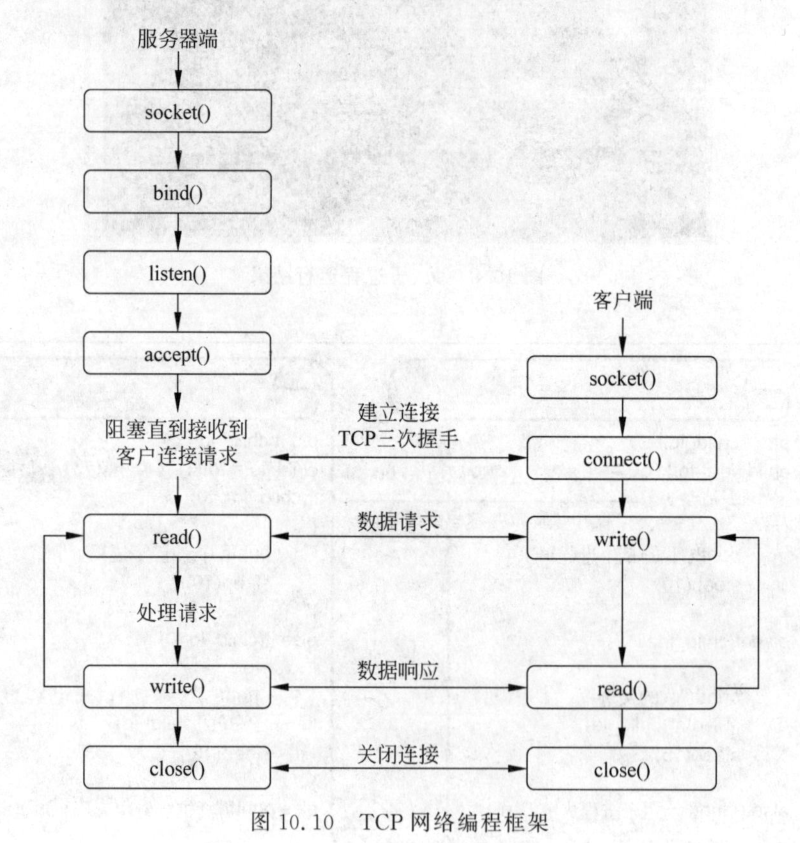

图 10.10 TCP 网络编程框架

下面是服务器的实例代码。

```
1  #include <sys/socket.h>
2  #include <unistd.h>
```

```
3  # include < sys/types. h>
4  # include < netinet/in. h>
5  # include < arpa/inet. h>
6  # include < stdio. h>
7  # include < strings. h>
8
9  main()
10 {
11     pid_t pid;
12     int socket_fd,accept_fd;
13     int addrlen, iBytes;
14     unsigned char buf[256];
15     struct sockaddr_in server, client;
16
17     if((socket_fd = socket(AF_INET, SOCK_STREAM, 0)) == - 1){
18         perror("Error--socket:");
19         _exit( - 1);
20     }
21
22     bzero(&server, sizeof(server));
23     server. sin_family = AF_INET;
24     server. sin_port = htons(4000);
25     server. sin_addr. s_addr = htonl(INADDR_ANY);
26
27     if(bind(socket_fd,(struct sockaddr * )&server, sizeof(server)) == - 1){
28         perror("Error-bind:");
29         _exit( - 2);
30     }
31
32     if(listen(socket_fd, 5) == - 1){
33         perror("Error-listen:");
34         _exit( - 3);
35     }
36
37     addrlen = sizeof(client);
38     for(;;){
39         if((accept_fd = accept(socket_fd, (struct sockaddr * )&client, &addrlen)) == - 1){
40             perror("Error-accept:");
41             _exit( - 4);
42         }
43         pid = fork();
44         if(pid > 0) continue;
45         else if(pid == - 1){
46             perror("Error-fork:");
47             _exit( - 5);
48         }
49         bzero(buf,256);
50         iBytes = read(accept_fd, buf, 256);
51         if(iBytes == - 1){
52             perror("Error-recv:");
53             _exit( - 6);
```

```
54          }
55          printf("[ %s: %d]发来连接请求: %s\n",inet_ntoa(client.sin_addr),ntohs(client.
sin_port),buf);
56          if(write(accept_fd,"Welcome, baby!\n",15) == -1){
57              perror("Error-send:");
58              _exit(-7);
59          }
60          close(accept_fd);
61          _exit(0);
62      }
63 }
```

服务器先运行,它监听4000号端口,等待客户呼叫(阻塞在第39行语句),一旦有呼叫,那么第39行语句的accept()函数就返回,服务器就继续执行后面的语句:产生子进程(第43行语句),父进程继续返回去执行第39行语句,子进程跟客户端通信(第49～61行)。

客户端的实例代码如下。

```
1  #include <sys/socket.h>
2  #include <unistd.h>
3  #include <sys/types.h>
4  #include <netinet/in.h>
5  #include <arpa/inet.h>
6  #include <stdio.h>
7  #include <strings.h>
8
9  main()
10 {
11     int socket_fd;
12     int addrlen, iBytes;
13     unsigned char buf[256];
14     struct sockaddr_in server;
15
16     if((socket_fd = socket(AF_INET, SOCK_STREAM, 0)) == -1){
17         perror("Error--socket:");
18         _exit(-1);
19     }
20     bzero(&server, sizeof(server));
21     server.sin_family = AF_INET;
22     server.sin_port = htons(4000);
23     server.sin_addr.s_addr = inet_addr("192.168.0.10");
24     if(connect(socket_fd,(struct sockaddr *)&server, sizeof(server)) == -1){
25         perror("Error-connect:");
26         _exit(-2);
27     }
28
29     if(write(socket_fd,"嗨,我是广州!\n",17) == -1){
30         perror("Error-write:");
31         _exit(-3);
32     }
33     bzero(buf,256);
```

```
34      iBytes = read(socket_fd, buf, 256);
35      if(iBytes == -1){
36          perror("Error-read:");
37          _exit(-4);
38      }
39      printf("服务器的响应:%s\n",buf);
40      close(socket_fd);
41      _exit(0);
42 }
```

第24条语句呼叫服务器(假设服务器是192.168.0.10:4000),呼叫成功后向服务器发一条信息"嗨,我是广州!"(第29行),然后等待服务器回信(第34行),一旦收到回信就把信息显示在屏幕上(第39行),最后关闭连接(第40行)并退出程序。

2. UDP网络编程

UDP网络编程的框架相对简单,固定调用的函数较少,如图10.11所示。

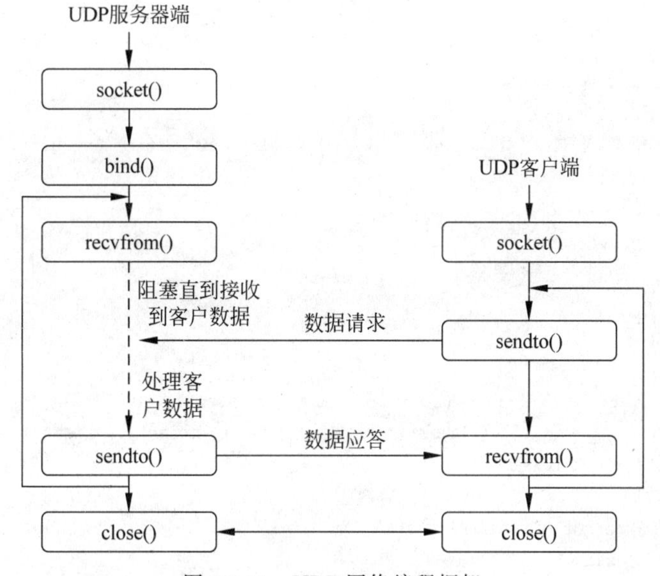

图10.11 UDP网络编程框架

UDP服务器实例代码如下。

```
1  #include <stdio.h>
2  #include <sys/types.h>
3  #include <sys/socket.h>
4  #include <netinet/in.h>
5  #include <unistd.h>
6  #include <errno.h>
7  #include <string.h>
8  #include <stdlib.h>
9
10 int main ()
11 {
```

```
12      int sock_fd;                              //套接字描述符号
13      int recv_num;
14      int send_num;
15      int client_len;
16      char recv_buf[20];
17      struct sockaddr_in addr_serv;
18      struct sockaddr_in addr_client;     //服务器和客户端地址
19
20      sock_fd = socket (AF_INET, SOCK_DGRAM, 0);
21      if (sock_fd < 0)
22      {
23          perror ("socket");
24          exit (1);
25      }
26      //初始化服务器断地址
27      memset (&addr_serv, 0, sizeof (struct sockaddr_in));
28      addr_serv.sin_family = AF_INET;   //协议族
29      addr_serv.sin_port = htons (4001);
30      addr_serv.sin_addr.s_addr = htonl (INADDR_ANY);
31
32      client_len = sizeof (struct sockaddr_in);
33      /* 绑定套接字 */
34      if (bind(sock_fd, (struct sockaddr * ) &addr_serv, sizeof (struct sockaddr_in)) < 0)
35      {
36         perror ("bind");
37          exit (1);
38      }
39
40      while (1)
41      {
42          recv_num = recvfrom (sock_fd, recv_buf, sizeof (recv_buf), 0, \
43                         (struct sockaddr * ) &addr_client, &client_len);
44          if (recv_num < 0)
45          {
46              perror ("again recvfrom");
47              exit (1);
48          } else {
49              recv_buf[recv_num] = '\0';
50              printf ("recv sucess: %s\n", recv_buf);
51          }
52          send_num = sendto (sock_fd, recv_buf, recv_num, 0,\
53                         (struct sockaddr * ) &addr_client, client_len);
54          if (send_num < 0)
55          {
56              perror ("sendto");
57              exit (1);
58          }
59      }
60      close (sock_fd);
61      return 0;
62  }
```

客户端实例代码如下。

```
1  #include < sys/types.h >
2  #include < sys/socket.h >
3  #include < unistd.h >
4  #include < netinet/in.h >
5  #include < arpa/inet.h >
6  #include < stdio.h >
7  #include < stdlib.h >
8  #include < errno.h >
9  #include < netdb.h >
10 #include < string.h >
11
12 int main()
13 {
14     /* 服务端地址 */
15     struct sockaddr_in server_addr;
16     bzero(&server_addr, sizeof(server_addr));
17     server_addr.sin_family = AF_INET;
18     server_addr.sin_addr.s_addr = inet_addr("192.168.0.10");
19     server_addr.sin_port = htons(4001);
20
21     /* 创建 socket */
22     int client_socket_fd = socket(AF_INET, SOCK_DGRAM, 0);
23     if(client_socket_fd < 0)
24     {
25         perror("Create Socket Failed:");
26         exit(1);
27     }
28
29     /* 发送信息 */
30     if(sendto(client_socket_fd, "Hello, there!", 13,0,\
                           (struct sockaddr *)&server_addr,sizeof(server_addr)) < 0)
31     {
32         perror("Sendto:");
33         exit(1);
34     }
35
36     close(client_socket_fd);
37     return 0;
38 }
```

客户端功能很简单,就是向服务器发送一条消息。

10.2.4 程序调试

程序的语法错误比较容易解决,gcc 会把出错的行显示出来,然后直接在 Vim 中修改即可,但是逻辑错误(运行时出错)只能通过调试来解决。在 Linux 系统下,gdb 是一个常用的功能很强大的调试工具,其功能包括设置断点、单步跟踪、内存修改、观察堆栈等。

首先编译时加入调试信息,带参数-g,例如采用下面的编译命令:

```
gcc  -g  -o  myhello  hello.c
```

这样产生的可执行程序 myhello 中就包含了调试信息，便于 gdb 调试，可以采用如下方式开始调试：

```
gdb  ./myhello
(gdb)
```

(gdb)是调试命令行提示符，在这里可以输入各种调试命令。下面是一些常用的调试命令。

```
(gdb) list n,m                # 显示从 n 行到 m 行的源代码，如"list 10,30"列出 10～30 行的源代码
(gdb) break 9                 # 在第 9 行设置一个断点
(gdb) run                     # 在 gdb 里运行被调试程序
(gdb) print i                 # 显示变量 i 的值
(gdb) info locals             # 显示全部的本地变量值
(gdb) help                    # 显示全部的可用 gdb 命令，用户"help <命令> "显示具体的命令的
                              # 用法
(gdb) whatis i                #  显示变量 i 的类型，例如整型、结构体、字符型等
(gdb) print x = 100           # 给变量 x 赋值 100
(gdb) step                    # 开始单步执行语句，会跟踪列系统函数中
(gdb) n                       # 单步执行一条语句，不会进入函数
(gdb) display i,j,p           # 同时显示变量 i,j,p 的值
(gdb) bt                      # 显示整个调用堆栈(如 main 函数调用 abc()函数，abc()函数如果
                              # 调用了 fun()函数，调用路径会打印出来)
(gdb) info break              # 列出已定义的全部断点
(gdb) delete breakpoints  9   # 删除第 9 行的断点
(gdb) continue                # 继续执行被调试程序
(gdb)  quit                   # 退出调试
```

gdb 的调试命令非常丰富，想要深入研究的读者可以参考操作手册。

10.3 知识拓展与作业

10.3.1 知识拓展

(1) 认识 Perl 脚本语言。它具有强大的正则表达式处理能力，是 Linux 上比较流行的脚本语言。

(2) 学习 Linux 下可执行程序的格式：ELF 格式。

10.3.2 作业

编写 Shell 程序，完成如下菜单功能：

```
              系统维护菜单
================================
1) 显示系统日期
2) 修改系统日期
```

```
3) 显示已登录用户
4) 重启计算机
5) 关机
================================
请选择:
```

提示：命令“who -u”显示已登录用户，date 命令显示和修改系统日期，带代码参见作者的个人博客。

第11章 服务配置

本章学习目标：

- 能搭建基本的网站系统
- 能搭建基本的邮件系统
- 能搭建 NFS
- 能在 Linux 上使用虚拟机和容器
- 能配置基本防火墙
- 能搭建 FTP、DNS 和 DHCP 服务
- 能安装和配置数据库服务

通过第1～10章的学习，不知道你是否已经掌握了基本的Linux技能，本章开始介绍Linux上最典型的几个服务的安装和配置，如果之前好比是磨刀的话，那么现在就要开始砍柴了。

搭建一个服务的目标分为三种，分别是功能目标、性能目标和产能目标。功能目标是最低要求，例如搭建邮件系统必须具有收、发和阅读邮件的功能，否则就是搭建失败。性能目标要求一个服务系统在预设的用户体验下能满足预期的访问量，体现的是系统的抗压能力，通常通过压力测试来评价，例如邮件系统能满足一万人同时正常使用。而产能目标体现服务的安全性和可用性，通常用多少个“9”来衡量，例如邮件系统的可用性为三个“9”，表示一年内99.9%的时间内用户可以正常收发邮件。在生产环境中使用的服务系统一般要求同时满足功能、性能和产能目标，否则都会出问题，例如一个邮件系统不能发邮件，那肯定没人会使用它；如果能收、发和阅读邮件但是当多几个人同时使用时速度很慢，还是没有人愿意使用它；如果功能和性能都满足，但是邮件内容很容易泄密或者经常死机，这样的邮件系统仍然没人会用。

本章搭建的服务要求满足功能目标，性能目标一般是做横向扩展(采用集群、负载均衡等技术实现)，实现一定的产能目标就更复杂了，涉及入侵检测、防火墙、容错、三防等。另外本章搭建服务的方法是截至2019年9月的，由于各种服务软件的版本都在不断迭代，相应的配置方法肯定也会变，因此在将来的某个时间点，再参照本章的方法可能有问题。最好的途径是通过搜索相应服务软件的官方网站，然后参考官方网站上的最新安装和配置方法进行搭建。

假设下面的操作都是在IP地址为192.168.0.10的计算机上进行。为了减少干扰，在搭建各种服务之前建议先关闭SELinux服务，用下面的命令修改/etc/selinux/config配置文件：

```
sed -i 's/^SELINUX=.*/SELINUX=disabled/g' /etc/selinux/config
```

然后重启系统。命令 sestatus 可以查看 SELinux 的状态，如果返回“SELinux status：disabled”，就表示 SELinux 已经关闭。

11.1 时钟同步服务

在安装了 Ubuntu 18.04 的计算机上实现时钟同步，有两种情况，第一种情况是计算机与互联网上的时钟服务器对时，保证本地计算机时间准确无误，如图 11.1(a)所示。第二种情况是局域网内的多台计算机之间保持时钟同步，确保参与某种任务的计算机时间保持一致，如图 11.1(b)所示。

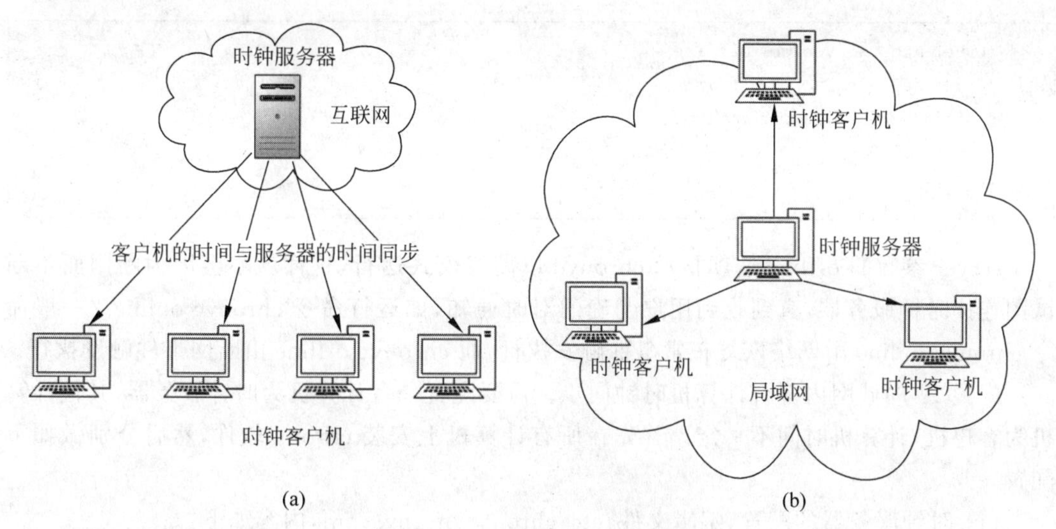

图 11.1 时钟同步的两种情况

首先确保时区选择正确，运行命令 timedatectl 查看当前时区，对于中国内地来说，应该是 Asia/Shanghai (CST, +0800)时区，如果不对，采用以下命令调正：

```
timedatectl set-timezone Asia/Shanghai
```

最新版本的 Linux 都采用 chrony 时钟同步工具，chrony 的配置参数非常丰富，而 ntpd 则已被淘汰。下面分别针对以上提出的两种情况进行操作。

安装：apt install chrony -y

主要的文件有配置文件/etc/chrony/chrony.conf、后台服务程序/usr/sbin/chronyd、命令行工具/usr/bin/chronyc 等。

配置 1：与互联网时钟同步。安装 chrony 后，默认就已经配置好了时钟同步，但是时钟服务器都在国外，同步时间较长，建议改成如下所示的配置(编辑/etc/chrony/chrony.conf)：

```
server ntp1.aliyun.com iburst
server ntp.ntsc.ac.cn iburst
driftfile /var/lib/chrony/drift
makestep 1.0 3
rtcsync
```

server 参数指定时钟同步服务器,iburst 选项指示同步软件一启动就马上对时,driftfile 参数定义时间误差率保存的文件,makestep 参数规定如果时间偏差超过 1s,那么前 3 次对时采用步进法快速调正时间,其他情况通过微调同步时间。注意:时间大跨度调正可能会导致某些应用软件(如 kerberos)运行异常。但存在某种可能,计算机连续运行过程中发生时间大幅度跳变,如果继续逐步微调,会导致较长时间计算机时钟不准确,这时可以采用参数 makestep 10 -1,即只要时间误差超过 10s,就马上步进对时。rtcsync 参数指示内核每隔 11min 就把系统时间写入计算机的硬件时钟单元 RTC。采用命令 chronyc sourcestats 查看时间偏差。

配置好了运行命令 chronyc makestep 立即快速步进对时,命令 chronyc sources -v 查看真实同步的服务器。如果网络不稳定,建议加上 offline 选项。参考如下配置:

```
server ntp1.aliyun.com offline
server ntp.ntsc.ac.cn offline
driftfile /var/lib/chrony/drift
makestep 1.0 3
rtcsync
```

server 参数的 offline 选项指示 chronyd 以离线模式运行,这样就不会因为断网而不断试图连接时钟服务器,直到收到用户明确的对时通知,如运行命令 chronyc online。一般命令 chronyc online 由网络恢复正常事件触发执行,而 chronyc offline 由断网事件触发执行。

配置 2:局域网内多台计算机时钟同步。需要配置一台计算机为时钟服务器,其他计算机为客户机,计算机时间不一定。首先在所有计算机上安装 chrony 软件,然后分别做如下配置。

(1) 时钟服务器的配置,编辑文件/etc/chrony/chrony.conf,内容如下:

```
initstepslew 1 client1 client3 client6
driftfile /var/lib/chrony/drift
local stratum 10
manual
allow 192.168.165.0/24
smoothtime 400 0.01
rtcsync
```

initstepslew 参数表示计算机启动时与三台客户机 client1、client3 和 client6 的平均时差超过 1s 以上,就步进快速对时。local 参数指明本机像真实时钟服务器一样可对外提供对时服务,选项"stratum 10"指明本机位于时钟服务层级的第 10 层,层级 10 会发送给客户机。时钟服务层级为 1~15,如图 11.2 所示,其中第 1 层的时钟服务器直接连接原子钟,时间最准确,第 2 层中的时钟服务器与第 1 层的服务器对时,时间准确性要差一些,以此类推,第 15 层时钟准确性最差,一般 10 层以后不会用于校准实际时间,只用于局域网内若干台计算机之间进行时间同步,即只要求大家时间一样而不在乎准确性。

manual 参数允许手工设置时间(如 chronyc settime 11:20:30),allow 参数表明只允许 192.168.165.0/24 上的计算机能与本机对时,smoothtime 参数开启平滑时间调正以

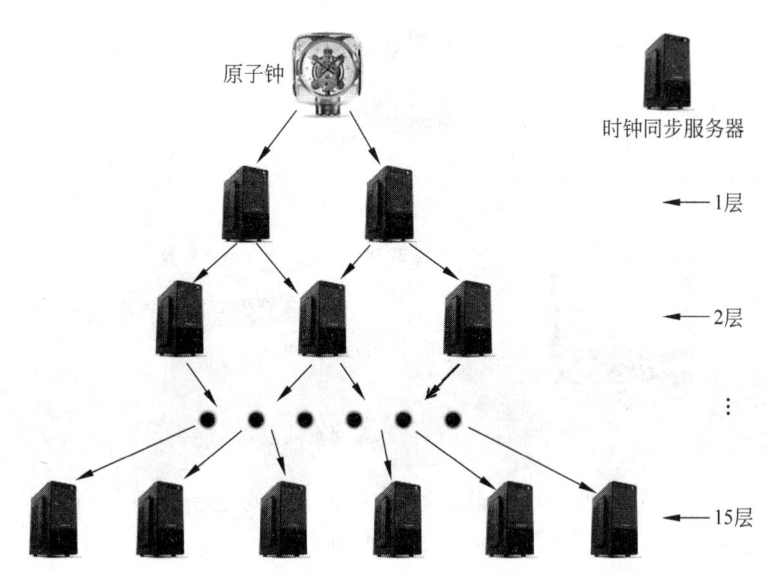

图 11.2　时钟同步服务层级

便让客户机更容易跟踪时间变化，参数值“400　0.01”，单位都是 ppm（百万分之一），定义最大的时钟频率偏差为百万分之四百，并按每秒亿分之一的速度进行时钟频率调正。

（2）时钟客户机的配置，编辑文件/etc/chrony/chrony.conf，对于 client1、client3 和 client6，配置的内容如下：

```
server master iburst
driftfile /var/lib/chrony/drift
allow 192.168.165.0/24
makestep 1.0 3
rtcsync
```

其中 master 是时钟服务器的主机名。其他的时钟客户机，去掉配置中的“allow 192.168.165.0/24”行即可。

11.2 搭建网站系统

在安装了 Ubuntu 18.04 的计算机上搭建 LAMP 网站系统，然后在浏览器里能打开一个静态网页和一个动态网页。

11.2.1 网站简介

网页分为静态和动态两种，静态网页文件就是 HTML 格式文件，当用户浏览静态网页时，服务器就把 HTML 网页文件发过来，因此用户每次看到的内容都一样，即内容是静态的，没有变化的。图 11.3 展示了这个浏览过程。

在浏览器里输入网址（域名）www.weisuan.com 并回车，马上就看到网页的内容，图 11.3 中的①～④步是计算机自动完成的。域名便于人们记忆，但是计算机实际上还是通

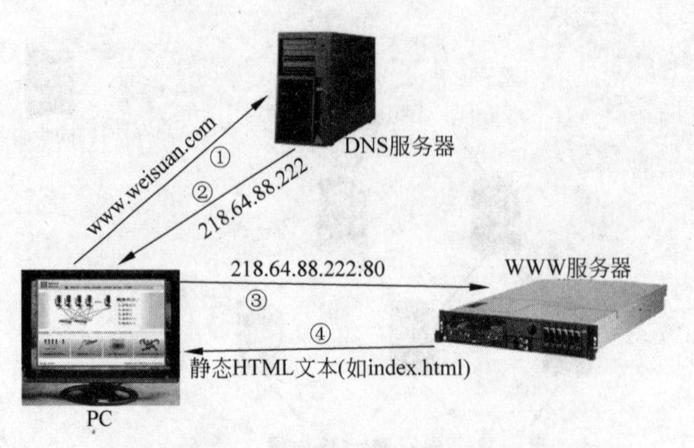

图 11.3 浏览静态网页的过程

过 IP 地址访问网站服务器的,DNS 服务器的主要功能就是登记域名与 IP 地址的对应关系,当有人通过域名查询 IP 时,会返回对应的 IP 地址。

动态网页是服务器上的程序,此程序可以用 C、Bash、PHP、Java 等编程语言编写,人们更热衷于采用 PHP 或 Java 来编写动态网页文件。当用户浏览某个动态网页文件时,服务器临时去执行这个网页文件(实际上就是程序),执行的结果就是生成一份完整的 HTML 静态网页文件,然后服务器再把这个 HTML 文件发给用户,只不过此时 HTML 文件保存在内存里,而不是硬盘上。由于用户看到的内容是程序执行的结果,程序可以访问数据库并把数据库里的内容读出,因此用户浏览同一个网页可能每次看到的内容不同。图 11.4 展示了用户浏览动态网页的过程。

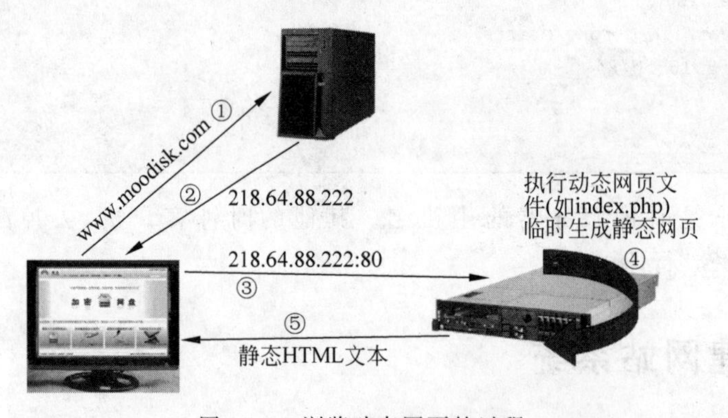

图 11.4 浏览动态网页的过程

LAMP=Linux+Apache+MariaDB+PHP,LAMP 网站系统目前最流行,世界上超过一半的网站都是基于它搭建的。Apache(阿帕奇)是 Web 服务器,它完全开源,可靠、速度快,俄罗斯人在 Apache 的基础上开发出 ngnix 服务器(相应的建站套件就是 LNMP),性能提升不少,俄罗斯访问量最大的几个网站都是采用 ngnix,Apache 和 ngnix 配置文档是相互兼容的。MariaDB 是一个短小精干的开源数据库。PHP 是非常流行的用于编写动态网页的脚本语言,其他的比较流行的脚本语言还有 Python、Perl 等,Facebook、优酷、Google 等大型网站和 Odoo 系统都是采用 Python 语言开发的。

11.2.2 具体操作

1. 准备工作

以 root 用户登录 Linux，然后执行如下命令：

```
hostnamectl set-hostname webserver.mine.com         #设置主机名为 webserver.mine.com
echo "127.0.0.1 webserver.mine.com">>/etc/hosts
vim /etc/apt/sources.list
                          #配置安装源，把 cn.archive.ubuntu.com 全部替换成 mirrors.aliyun.com
apt update                                          #把系统文件升级到最新版本
shutdown -r now                                     #重启计算机
```

2. 安装 LAMP 软件组

安装命令如下：

```
tasksel   install   lamp-server
```

安装过程会提示输入 MariaDB 数据库的 root 用户密码(MariaDB 数据库的超级用户也是 root)，不输入直接确认，表示没有密码。如果安装没有报错，那么建站的软件包都被安装，此时直接浏览 http://192.168.0.10 就可以看到如图 11.5 所示的默认网页了。

Apache2 Ubuntu Default Page
ubuntu
It works!
This is the default welcome page used to test the correct operation of the Apache2 server after installation on Ubuntu systems. It is based on the equivalent page on Debian, from which the Ubuntu Apache packaging is derived. If you can read this page, it means that the Apache HTTP server installed at this site is working properly. You should replace this file (located at /var/www/html/index.html) before continuing to operate your HTTP server.
If you are a normal user of this web site and don't know what this page is about, this probably means that the site is currently unavailable due to maintenance. If the problem persists, please contact the site's administrator.

图 11.5 LAMP-SERVER 安装后的默认网页

从图 11.5 可知，默认网页的目录是/var/www/html，静态网页文件是 index.html。用 Vim 修改这个网页文件，内容改为“Hello World!”，然后再刷新浏览器，可以看到 Hello World!（如图 11.6 所示）。

然后在/var/www/html 目录下编辑动态网页文件 info.php，内容如下：

```
<?php
phpinfo();
?>
```

此时浏览网址 http://192.168.0.10/info.php，应该看到如图 11.7 所示的画面，表示刚刚搭建的网站支持 PHP 动态网页。

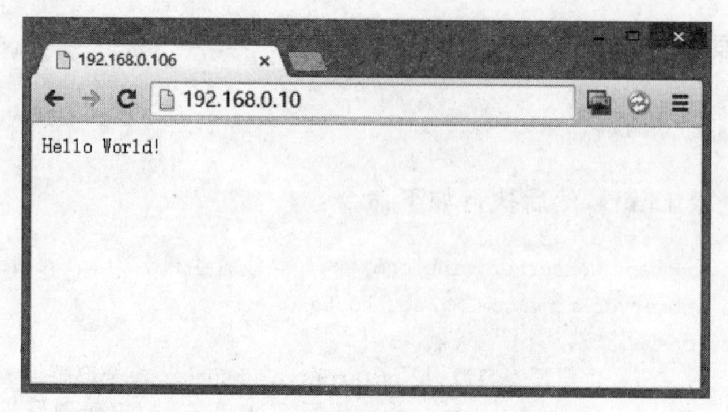

图 11.6 Hello World! 静态网页

phpinfo()

PHP Version 7.2.19-0ubuntu0.18.04.2

System	Linux webserver.mine.com 5.0.0-27-generic #28~18.04.1-Ubuntu SMP Thu Aug 22 03:00:32 UTC 2019 x86_64
Build Date	Aug 12 2019 19:34:28
Server API	Apache 2.0 Handler
Virtual Directory Support	disabled
Configuration File (php.ini) Path	/etc/php/7.2/apache2
Loaded Configuration File	/etc/php/7.2/apache2/php.ini
Scan this dir for additional .ini files	/etc/php/7.2/apache2/conf.d
Additional .ini files parsed	/etc/php/7.2/apache2/conf.d/10-mysqlnd.ini, /etc/php/7.2/apache2/conf.d/10-opcache.ini, /etc/php/7.2/apache2/conf.d/10-pdo.ini, /etc/php/7.2/apache2/conf.d/20-calendar.ini, /etc/php/7.2/apache2/conf.d/20-ctype.ini, /etc/php/7.2/apache2/conf.d/20-exif.ini, /etc/php/7.2/apache2/conf.d/20-fileinfo.ini, /etc/php/7.2/apache2/conf.d/20-ftp.ini, /etc/php/7.2/apache2/conf.d/20-gettext.ini, /etc/php/7.2/apache2/conf.d/20-iconv.ini, /etc/php/7.2/apache2/conf.d/20-json.ini, /etc/php/7.2/apache2/conf.d/20-mysqli.ini, /etc/php/7.2/apache2/conf.d/20-pdo_mysql.ini, /etc/php/7.2/apache2/conf.d/20-phar.ini, /etc/php/7.2/apache2/conf.d/20-posix.ini, /etc/php/7.2/apache2/conf.d/20-readline.ini, /etc/php/7.2/apache2/conf.d/20-shmop.ini, /etc/php/7.2/apache2/conf.d/20-sockets.ini, /etc/php/7.2/apache2/conf.d/20-sysvmsg.ini, /etc/php/7.2/apache2/conf.d/20-sysvsem.ini, /etc/php/7.2/apache2/conf.d/20-sysvshm.ini, /etc/php/7.2/apache2/conf.d/20-tokenizer.ini
PHP API	20170718

图 11.7 PHP 动态网页

3. 配置虚拟主机

一台计算机可以放置多个网站(称为虚拟主机),不同的网站通过不同的域名来访问,每个网站对应磁盘上单独的目录,例如 www.weisuan.com 域名的网页文件放在/var/www/weisuancom 目录下,www.veryopen.org 对应/var/www/veryopenorg 目录等。下面来配置一个虚拟主机:对应 www.weisuan.com 域名、目录是/var/www/weisuancom。操作如下。

```
vim /etc/apache2/sites-available/weisuancom.conf            #输入如下内容
```

```
<VirtualHost *:80>
        ServerName www.weisuan.com
        DocumentRoot /var/www/weisuancom
        DirectoryIndex index.php index.html
</VirtualHost>
```

这个配置文件定义了网站域名与网站目录的对应关系，即当用户浏览 www.weisuan.com 时，服务器会到/var/www/weisuancom 目录中寻找相应的网页文件并发回给用户。

```
a2ensite weisuancom.conf            #激活，实际上就是链接到/etc/apache2/sites-enabled下
mkdir /var/www/weisuancom                                  #创建网站对应的目录
vim /var/www/weisuancom/index.php                          #输入如下的内容
```

```
<?php
echo "这是我的动态网站，耶!";
?>
```

```
service apache2 reload                                     #使配置生效
```

最后通过浏览 http://www.weisuan.com 网站就能看到"这是我的动态网站，耶!"。

注意：先要在用户计算机上临时对域名 www.weisuan.com 作解析(假设服务器的 IP 地址为 192.168.0.10)，如果是 Windows，在文件 c:\windows\System32\drivers\etc\hosts 末尾增加如下所示的一行。

```
192.168.0.10   www.weisuan.com
```

如果是 Linux，则在/etc/hosts 文件中增加同样一行内容即可。

参照上面的方法可以在同一台计算机上创建更多的虚拟主机。

11.3 搭建邮件系统

在自己的计算机上(Ubuntu 18.04)搭建一个邮件系统，能收、发和阅读邮件。

11.3.1 邮件系统简介

邮件系统比较复杂，建议大家去网上搜索并了解邮件系统的原理。虽然 Ubuntu 18.04 系统里有一个邮件系统集 mail-server，可以直接采用 tasksel 命令安装它，但是接下来的配置还是很复杂的。这里建议采用 iRedMail 邮件安装和配置脚本，可以从 http://www.iredmail.com/download.html 下载，然后直接运行这个下载的 bash 程序，大概 20 分钟就可以自动搭建一个全功能的企业级邮件系统了。iRedMail 是一个企业级邮件系统搭建脚本程序，主要采用 Postfix(邮件传输代理)、amavisd-new、SpamAssassin(反垃圾邮件)、ClamAV(反病毒)、Roundcube Webmail(邮件 Web 客户端)、Dovecot(IMAP 和 POP3 邮件服务器)等软件包。

继续在 Ubuntu 18.04 Server 上操作，假定安装源已经配成 mirrors.aliyun.com，计算机能连上互联网。

11.3.2 动手操作

执行如下的命令进行安装：

```
hostnamectl set-hostname mx.weexian.com          #主机名改成 mx.weexian.com
echo "127.0.0.1 mx.weexian.com" >>/etc/hosts
cd                                               #回到上次所在的目录
wget https://github.com/iredmail/iRedMail/archive/1.1.tar.gz -O iRedMail-1.1.tar.gz
                                                 #下载
tar -xf iRedMail-1.1.tar.gz                      #解压解包,产生一个子目录 iRedMail-1.1
cd iRedMail-1.1                                  #进入目录
bash iRedMail.sh                                 #开始安装邮件系统,按照向导一步步往下走
                                                  即可,建议的选择是:采用 MariaDB 数据库,
                                                  涉及的密码比较多,建议设成相同的。采用
                                                  #iRedMail 提供的防火墙规则
reboot                                           #最后重启计算机
```

邮件系统的管理网址、用户名和密码全部保存在 iRedMail.tips 文件中。

11.3.3 使用邮件系统

1. 登录邮件系统管理后台

浏览网址 https://192.168.0.10/iredadmin 进入登录邮件系统管理界面,如图 11.8 所示。

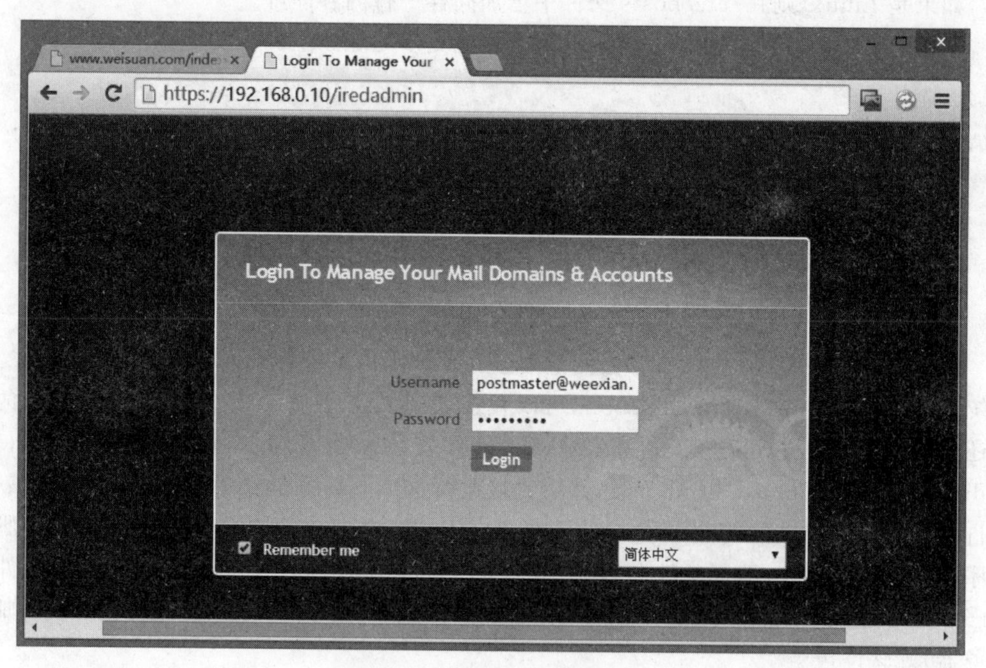

图 11.8 邮件系统管理界面

用户名和密码在 iRedMail.tips 文件可以找到。在邮件管理后台可以管理邮件域、管理每个域的管理员、管理邮件用户等。

2. 登录用户邮箱

浏览网址 http://192.168.0.10/mail 登录用户邮箱，如图 11.9 所示。

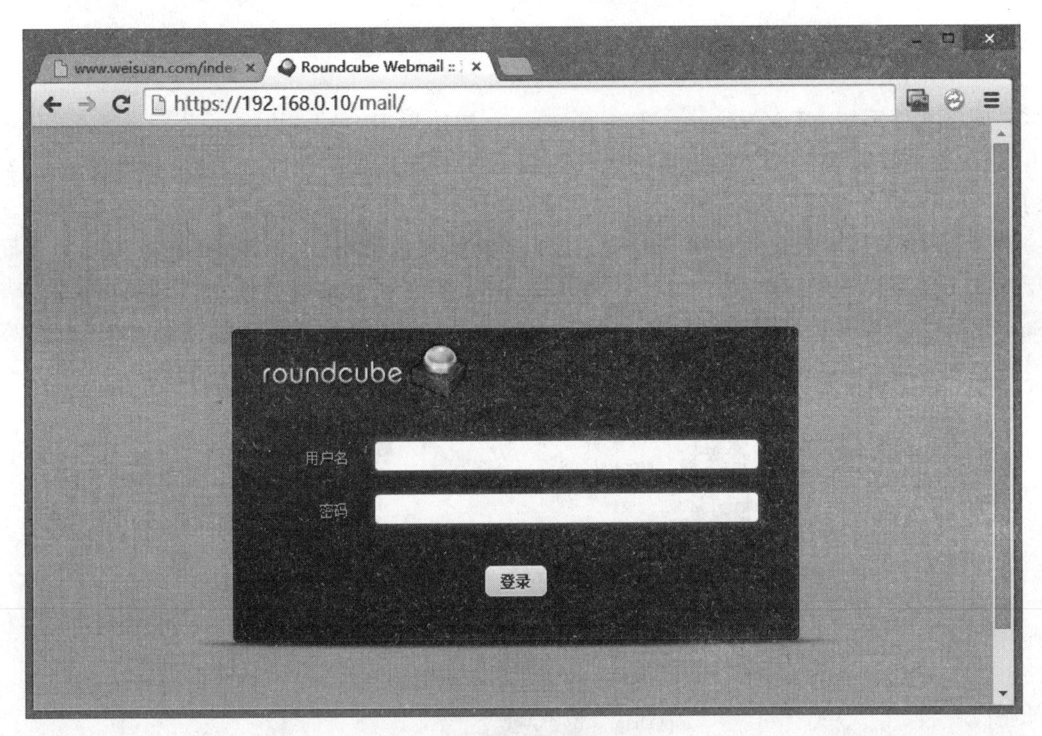

图 11.9 登录用户邮箱界面

用户名和密码在 iRedMail.tips 文件可以找到，登录后的用户邮箱界面如图 11.10 所示。

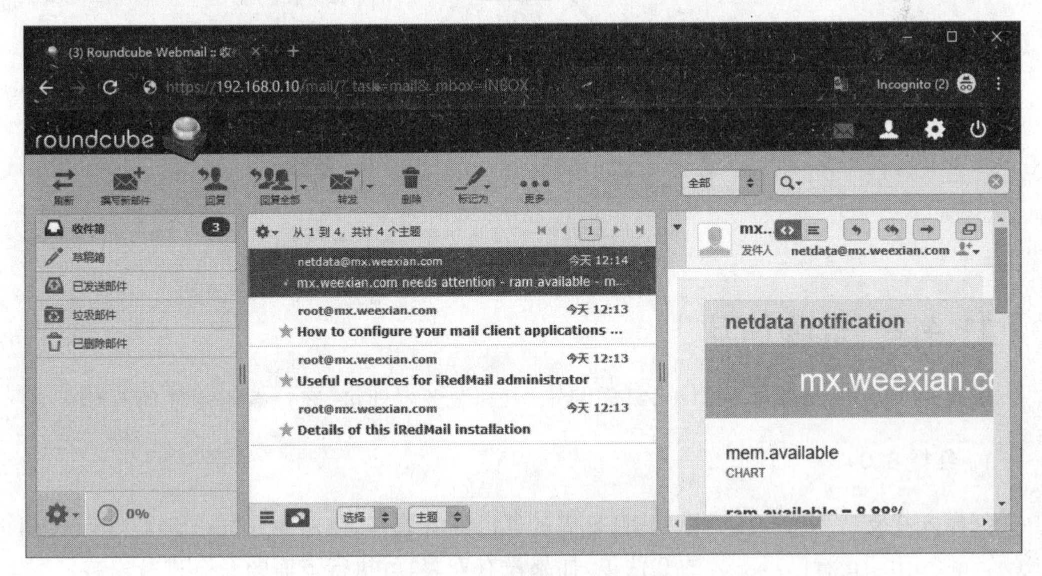

图 11.10 登录后的用户邮箱界面

11.4 网络文件系统 NFS

11.4.1 NFS 介绍

网络文件系统 NFS(Network File System),构建于 IP 之上,由 Sun 公司于 1984 年推出,目的是在安装了 UNIX 操作系统的计算机之间实现磁盘文件共享,它是标准的 C/S 架构——NFS 服务器输出(export)让别人共享的目录,多个客户端挂载(mount)各自感兴趣的目录,并加载到本地文件空间中。位于 VFS(虚拟文件系统)之下,这样就像访问本地硬盘上的文件那样方便简单,如图 11.11 所示。尽管 NFS 目前被普遍使用,但是它的原创者 Sun 公司已被 Oracle 公司收购。不过 NFS4.0 之前的版本存在性能上的瓶颈,NFS 目前发展到了 4.1 版本,这个版本已经是 pNFS 了,即并行 NFS。

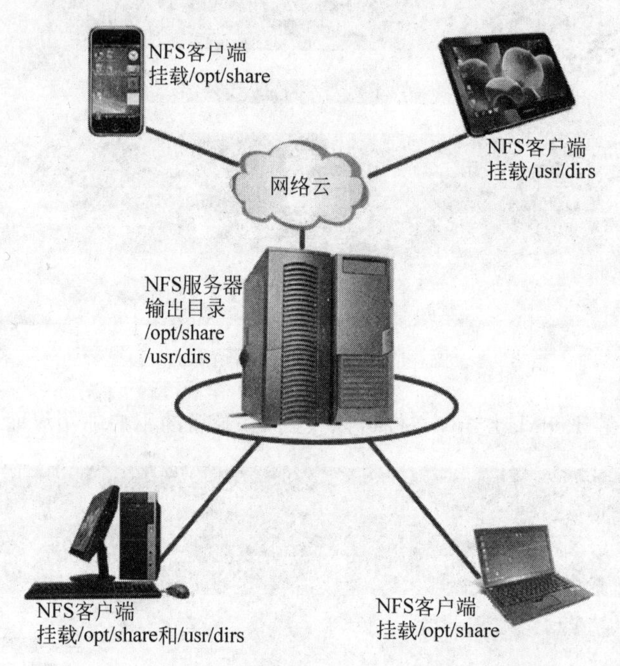

图 11.11 NFS 服务器输出目录与客户端挂载示意图

11.4.2 搭建 NFS

搭建一个 NFS 环境非常简单,只需配置 NFS 服务器即可,客户端不用任何改动。

1. 红帽 8.0

红帽 8.0 支持 NFS 4.1。默认 NFS 服务器已经安装好,使用命令"dnf list --installed | grep nfs-utils"查看已经安装的软件包,如果没有安装,就执行下面的命令进行安装:

```
dnf install nfs-utils
```

然后执行下面的命令使得计算机启动时自动启动 NFS 服务：

```
systemctl enable --now nfs-server rpcbind
```

2. Ubuntu 阵营

执行下面的命令安装 NFS 服务器：

```
apt  install  nfs-server
```

然后执行下面的命令使得计算机启动时自动启动 NFS 服务：

```
systemctl enable --now nfs-server
```

红帽和 Ubuntu 两个阵营对 NFS 服务器的配置都是一样的，把需要输出(export)的目录加到文件/etc/exports 中，一行输出一个目录，每一行的格式如下：

```
被输出目录  客户主机 1(参数 1, 参数 2,…)  客户主机 2(参数 1, 参数 2,…)  …
```

配置文件中的每一行也就是要回答清楚下面三个问题。

(1) 想让其他计算机共享本机的什么目录？

(2) 此目录允许哪些客户机访问？

(3) 这些客户机访问的权限是什么？

对于如何指定客户机，可参见下表 11.1。

表 11.1 定义客户机的方式

序号	定义方式	说明
1	单个客户主机	指定客户机的 IP 地址或者域名均可，如 192.168.10.50
2	通配符	域名中允许出现通配符，如 *.moodisk.com，即所有在域 moodisk.com 中主机都可以挂载此目录
3	IP 网络	指明处于同一个网段内的主机，如 192.168.10.0/24 或者 192.168.10.0/255.255.255.0 均可

访问权限参见表 11.2。

表 11.2 参数说明

序号	参数	说明
1	ro	只读(默认)
2	rw	可读可写，默认是不可写
3	async	数据到达 NFS 服务器内存时就反馈客户端“写成功”，也就是数据还没写到磁盘，如果系统崩溃会丢掉数据。高效和风险同在
4	sync	数据真正在写到了磁盘上才反馈给客户端“写成功”(默认)
5	subtree_check	如果输出一个文件系统的某个子目录时，强制 NFS 检查父目录的权限(默认)
6	no_subtree_check	不检查父目录权限
7	root_squash	把客户端的 root 账号的 uid/gid 映射成服务器上的匿名账号 nobody
8	no_root_squash	关闭 root_squash，即不做映射

续表

序号	参　数	说　明
9	all_squash	全部映射成 nobody,no_all_squash 即全部不映射(默认参数)
10	anonuid = 150, anongid = 100	映射到 uid/gid=150/100 的账号,这个账号事先在 NFS 服务器上已经存在,即客户端往共享目录里新建文件时,文件的主人(UID)就是 150,组号(GID)是 100

表 11.3 是一些具体的例子。

表 11.3　NFS 配置举例

序号	例　子	实　例
1	/opt/dirs　*	输出目录/opt/dirs,任何计算机都可以访问,默认参数:ro, async, subtree_check, all_squash
2	/opt/share　*(rw, no_root_squash, sync)	输出目录/opt/share,任何计算机都可以访问。访问参数 rw, sync,subtree_check,no_root_squash
3	/etc　*.moodisk.com(rw)　192.168.10.0/24(ro)	输出目录/etc,在域 moodisk.com 中的计算机可读可写,网络 192.168.10.0/24 里的计算机只能读
4	/home/myhone 192.168.1.2　188.198.2.6(rw)	输出目录/home/myhone,计算机 192.168.1.2 只能读,188.192.2.6 可读可写,其他计算机无权挂载这个目录
5	/projects proj*.veryopen.org(rw)	只输出目录/projects,允许匹配 proj*.veryopen.org 的域名才可以访问,且可读可写
6	/home/joe pc001(rw,all_squash,anonuid = 50,anongid = 100)	输出目录/home/joe,只允许 pc001 计算机访问,可读可写,且全部用户映射成 NFS 服务器上的用户 uid/gid=50/100

每当修改了配置文件/etc/exports,都要运行下面的命令使得修改生效:

```
systemctl reload nfs-server.service
```

在客户机上使用命令可以查看 NFS 服务器(假设服务器的 IP 地址是 192.168.0.10)上被输出的目录:

```
showmount -e 192.168.0.10
```

使用命令可以查看 NFS 服务器(192.168.0.100)上被 NFS 客户端挂载的目录:

```
showmount -a 192.168.0.10
```

NFS 客户机如何挂载 NFS 服务器上的一个被输出目录,统一用如下命令格式:

```
mount  -t  nfs  <NFS服务器>:<被输出目录>  <本地空目录>
```

设 NFS 服务器的 IP 地址是 192.168.0.10,下面的命令就是把 NFS 服务器输出的目录/opt/share 挂载到本地的/mnt 空目录上:

```
mount  -t  nfs  192.168.0.10:/opt/share  /mnt
```

然后往/mnt 目录复制文件实际上就是把文件上传到 NFS 服务器的/opt/share 目录,

把/mnt 中的文件备份出来实际上就是下载文件。完成后使用下面的命令卸载被挂载的NFS文件系统：

```
umount  /mnt
```

注意：如果客户机没法挂载，请检查 NFS 服务器上的防火墙是不是阻止了 NFS 服务端口，先采用下面的命令关闭防火墙。

```
systemctl stop firewalld                    #红帽 8.0
systemctl stop iptables                     #Ubuntu 18.04
```

11.5 虚拟机

各种 Linux 的最新发行版都融入了云计算的功能，云计算中最主要的技术就是虚拟机了，开源虚拟机 KVM 已经集成到 Linux 内核中，Windows Server 2008 及后续版本把虚拟机作为一种服务器角色（Hyper-V），可以随时安装和卸载，非常方便。针对虚拟机浪费资源（CPU、内存、存储等）较大的缺陷，Google 公司力推 Docker 容器和容器集群管理平台 Kubernetes。

虚拟机顾名思义就是通过软件把一台计算机虚拟出很多台计算机（虚拟出来的计算机称为虚拟机），每台虚拟机里要单独安装操作系统以及各种应用软件，如图 11.12 所示。

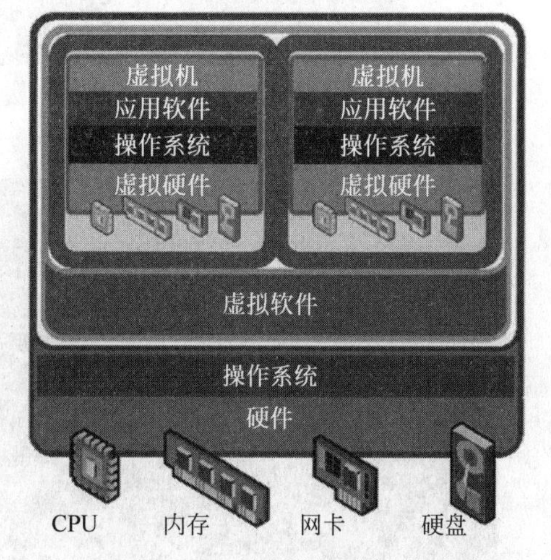

图 11.12 虚拟机示意图

虚拟机里安装的操作系统与物理机里安装的操作系统可以不同，也可以相同。例如，在红帽 8.0 上创建多个虚拟机，然后在一些虚拟机里安装 Windows 7 操作系统，在另一些虚拟机里安装 Ubuntu 18.04，具体操作步骤如下。

首先安装虚拟机软件集：dnf install '@Virtualization Host'。

这样一共安装了 qemu-kvm、libvirt-libs 等 52 个软件包。新版 Linux 操作系统的 gnome 桌面集成了一个功能强大的虚拟机前端工具 Boxes（后端依然是 KVM、libvirt 等），它既可以连接本地后端虚拟机软件，也能连接远程的虚拟机软件，还可以连接远程桌面。单击图形桌面左下角的“应用程序”（快捷键 Win＋A），找到并双击 Boxes，启动它，如图 11.13 所示。

单击“新建”按钮后弹出如图 11.14 所示的画面。

操作系统的安装介质可以有三个来源，分别是光盘（sr0 按钮）、临时从网上下载（“下载操作系统”按钮）和本地硬盘的镜像文件（“选择文件”按钮）。“输入 URL”按钮用于连接远程桌面。下面来创建一个虚拟机并在里面安装 FreeDos 操作系统，这个操作系统比较小，单击“下载操作系统”按钮，然后在列出的众多系统中选择 FreeDos，下载完后直接创建虚拟机。

图 11.13　虚拟机管理器

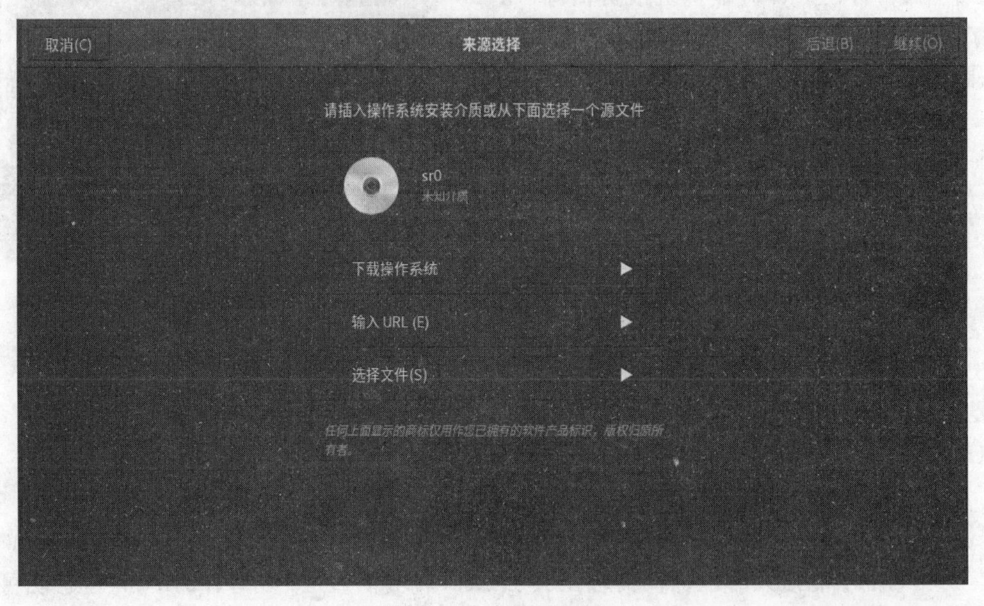

图 11.14　新建虚拟机

企业级虚拟化平台 oVirt 适合部署在少于 50 台服务器的生产环境中。

11.6　容器

因为虚拟机里还要安装操作系统，所以浪费的系统资源比较多，为此，人们发明了容器，也称为应用程序容器，容器里不再安装操作系统了，只把应用程序用到的动态库、配置参数等封装在一个包里(即容器)，容器本身有单独的 IP 地址和超级用户 root。使用容器的目的是方便开发、测试、发布、隔离和在集群中迁移应用程序，使得同一台计算机上可以运行很多应用程序而互不干扰，有点类似人们常说的绿色软件，如图11.15所示。

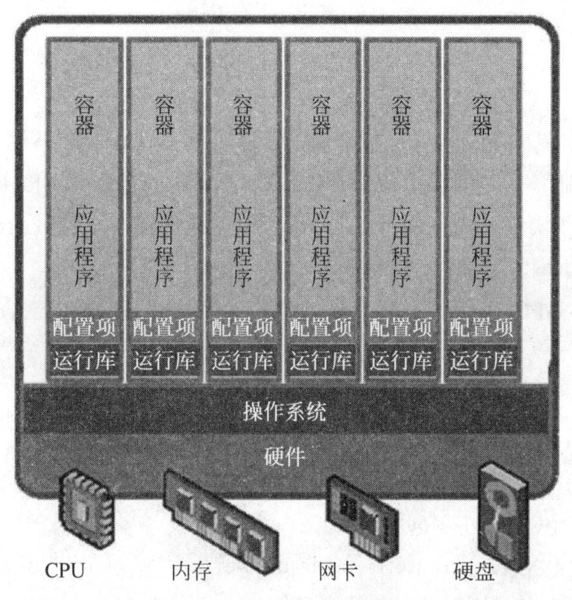

图11.15 容器示意图

目前有很多技术可以在Linux操作系统上实现容器，如OpenVZ、Linux-VServer、LXC、Docker、FreeBSD jail、Solaris Containers，其中Docker在Google公司的大力推动下发展迅速，而且Google发布了构建于Docker之上的开源的Kubernetes管理平台，这个平台使得管理运行在成千上万台计算机上的数十万个Docker容器变得异常轻松和简单。在Docker中，没有启动的容器称为镜像(image)，从一个镜像可以启动若干个容器实例(container)，每一个容器具有唯一的ID号。对容器实例做修改不会影响产生它的镜像，但是可以从一个容器实例创建新的镜像，镜像和容器实例的关系如图11.16所示。

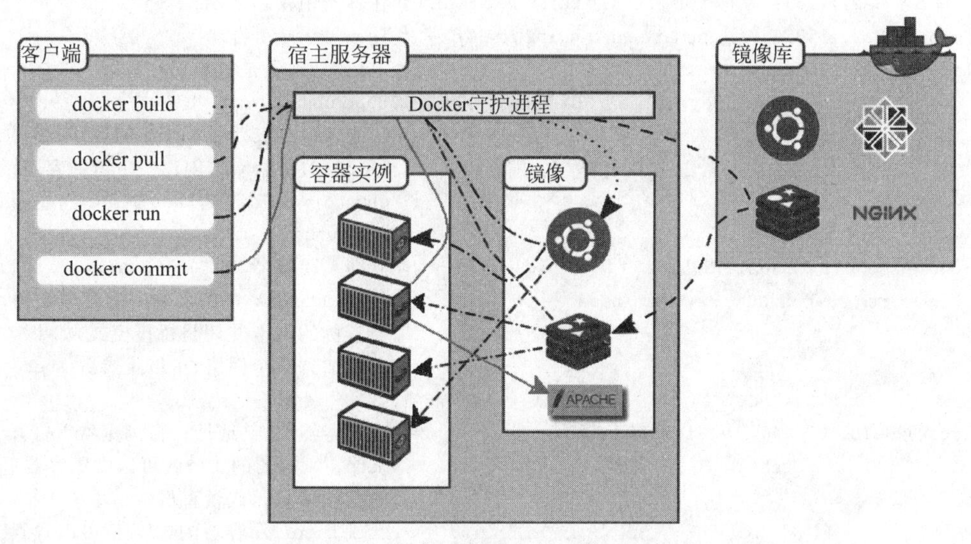

图11.16 镜像和容器实例的关系示意图

镜像库一般位于公网上,用户可以下载到本地(docker pull),或者自己创建镜像(docker build),还可从容器实例产生镜像(docker commit)。

下面具体介绍在 Ubuntu 18.04 上安装和配置 Docker。

1. 安装

Ubuntu 官方安装源中的 Docker 比较旧,可以直接从 Docker 官网安装。

把以前安装的旧版本卸掉:apt remove docker docker-engine docker.io。

安装一些需要的软件:apt install apt-transport-https ca-certificates curl software-properties-common -y。

添加 Docker 官方 GPG 密钥:curl -fsSL https://download.docker.com/linux/ubuntu/gpg |sudo apt-key add -。

添加 docker 官方安装源:add-apt-repository "deb[arch=amd64] https://download.docker.com/linux/ubuntu $(lsb_release -cs) stable"。

更新安装源缓存:apt update。

安装 docker-ce:apt install docker-ce。

检查 docker 运行状态:systemctl status docker。

如果处于运行状态,表明 Docker 安装成功。

2. 创建新的容器镜像

以现存的容器镜像为基础,创建一个专门运行 Web 服务的新容器镜像。

```
docker images
  #列出计算机上已有的容器镜像。计划在 Ubuntu 18.04 容器镜像里添加软件并生成新的容器镜像
docker run -i -t ubuntu /bin/bash                #启动容器并进入容器的命令行
root@58a21e1585ac:/# sed -i 's|archive.ubuntu|mirrors.aliyun|g' /etc/apt/sources.list
root@58a21e1585ac:/# apt update
root@58a21e1585ac:/# apt install nginx net-tools #在容器中安装 nginx
root@58a21e1585ac:/# update-rc.d nginx enable    #让 nginx 自动启动
root@58a21e1585ac:/# exit                        #退出容器,但是容器仍在运行
docker commit -m = "Web Server" -a = "Li Muhua" 58a21e1585ac ubuntu:www
                                                 #从刚才已经安装了 nginx 的容器(容器 ID
                                                  号:58a21e1585ac)创建一个新的容器镜像
                                                  ubuntu:www,描述为"Web Server",作者是
                                                  "Li Muhua"
docker stop -t 0 58a21e1585ac                    #立即关闭容器 58a21e1585ac
docker run -i -t ubuntu:www /bin/bash            #从 ubuntu:www 镜像启动一个容器实例,容
                                                  器实例的网卡默认是桥接模式,如果要指
                                                  定附加到某个网络,可以带参数--net =
                                                  <网络 id>
root@3210b1016446:/# ifconfig eth0               #查看容器的 IP 地址。在浏览器里打开
                                                  http://<容器的 IP>就可以浏览容器里
                                                  的默认网页。或者直接在宿主机中执行
                                                  curl http://<容器的 IP> 就可以看到
                                                  网页内容
```

3. 管理容器

管理容器的命令如表 11.4 所示。

表 11.4 管理容器的命令

序号	命令	说明
1	docker	显示 Docker 的帮助信息，Docker 有管理子命令和普通子命令，管理子命令用于管理全局，而普通子命令用于管理容器镜像和容器实例
2	docker network ls	显示网络
3	docker network inspect c864c607cd30	查看 c864c607cd30 网络的详细信息
4	docker image ls	列出容器镜像
5	docker image rm 1c125738a745	删除 1c125738a745 镜像
6	docker ps -a	列出全部的容器实例
7	docker stop c62d57f6c881	关闭 c62d57f6c881 容器实例
8	docker start cd604689508	启动 cd604689508 容器实例
9	docker restart cd604689508	重启 cd604689508 容器实例
10	docker rm 0496a4ed2a49	删除 0496a4ed2a49 容器实例
11	docker container prune	删除全部关闭的容器实例
12	docker inspect c62d57f6c881	显示容器的详细信息
13	docker attach cd604689508f	以 root 用户进入运行的容器实例 cd604689508f
14	docker search debian	搜索包含 Debian 的容器镜像
15	docker pull arm64v8/debian	下载镜像 arm64v8/debian

11.7 防火墙

11.7.1 基础知识

绝大多数防火墙工作在网络层，其主要任务就是设“关卡”来审查通过防火墙的数据包，防火墙将原来完全互通的网络分割成不同的区域(zone)——内网区、外网区、公共区、DMZ区、信任区等。通过在防火墙内设置一系列的审查规则来判断哪些数据包允许通过，哪些数据包必须拦截，哪些数据包经过修改后放行等。

一个服务采用“IP 地址：端口”来唯一指定，例如“192.168.0.10：22”定义了 IP 地址为 192.168.0.10 这台计算机上的 SSH 服务(此服务监听端口号为 22)。另一个重要的概念是建立 TCP 链接需要三次握手，第一次握手时首先“伸手”的一方称为发起方，一般为客户端，如 SSHD 服务启动后首先监听 22 号端口，被动地等待客户端发起握手以便建立登录超链接。服务器答复客户机称为第二次握手，客户机再次确认服务器的答复称为第三次握手，此后双方正式建立链接。图 11.17 概括了 TCP/IP 的通信过程。

发送数据时是从上(应用程序)到下(以太网络)层层封装的过程，相反，接收数据就是从下到上层层拆封的过程，再来看 10.2.3 节里的应用程序发送数据的语句：

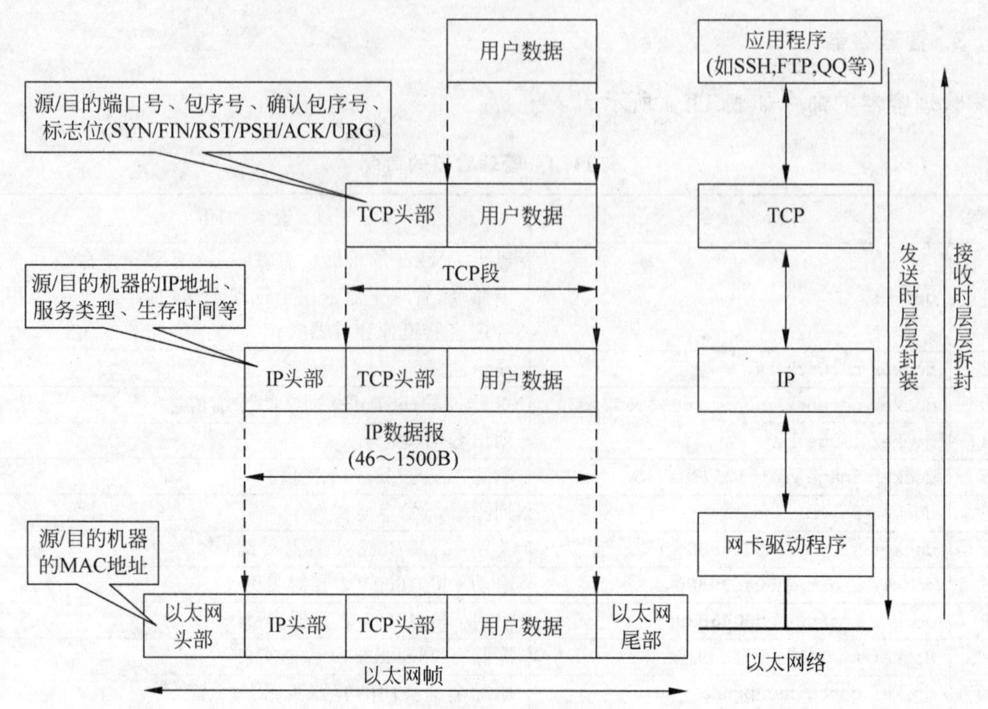

图 11.17　TCP/IP 通信原理示意图

```
write(socket_fd,"嗨,我是广州!\n",17)
```

其中"嗨,我是广州！\n"是用户数据,层层封装的操作由 write()函数完成,应用程序开发人员不用管它。再来看接收数据的语句:

```
iBytes = read(accept_fd, buf, 256);
```

用户数据最终被放在 buf 变量里,而层层拆封的操作也不用应用程序开发人员管,由 read()函数自动完成。

Linux 的 Netfilter 防火墙模块工作在网卡驱动程序的上面,所以能看到 IP 数据报,报文里面的 IP 头部和 TCP 头部包含了重要的可用于制定审查规则的信息,如源/目的端口号、源/目的计算机的 IP 地址、包序号、标志位等。

11.7.2　内核中的 netfilter 模块

在 Linux 系统中,TCP/IP 协议栈、netfilter 子系统和 nftables 模块的关系如图 11.18 所示。

现代 Linux 操作系统的防火墙不再使用 iptables,取而代之的是 nftables,nftables 与 iptables 相比具有明显的优势,例如速度就快很多。netfilter 是 Linux 2.4.x 内核开始引入的一个通用的、抽象的框架,它提供一整套的钩子函数(hook())的管理机制,使得诸如数据包过滤、网络地址转换(NAT)和基于协议类型的连接跟踪变得简化。netfilter 在 TCP/IP 协议栈的 IP 层中的数据包路径上设置若干陷阱(如图 11.18 中的 INGRESS、NF_IP_PRE_ROUTING、NF_IP_LOCAL_IN、NF_IP_FORWARD、NF_IP_LOCAL_OUT 和 NF_IP_

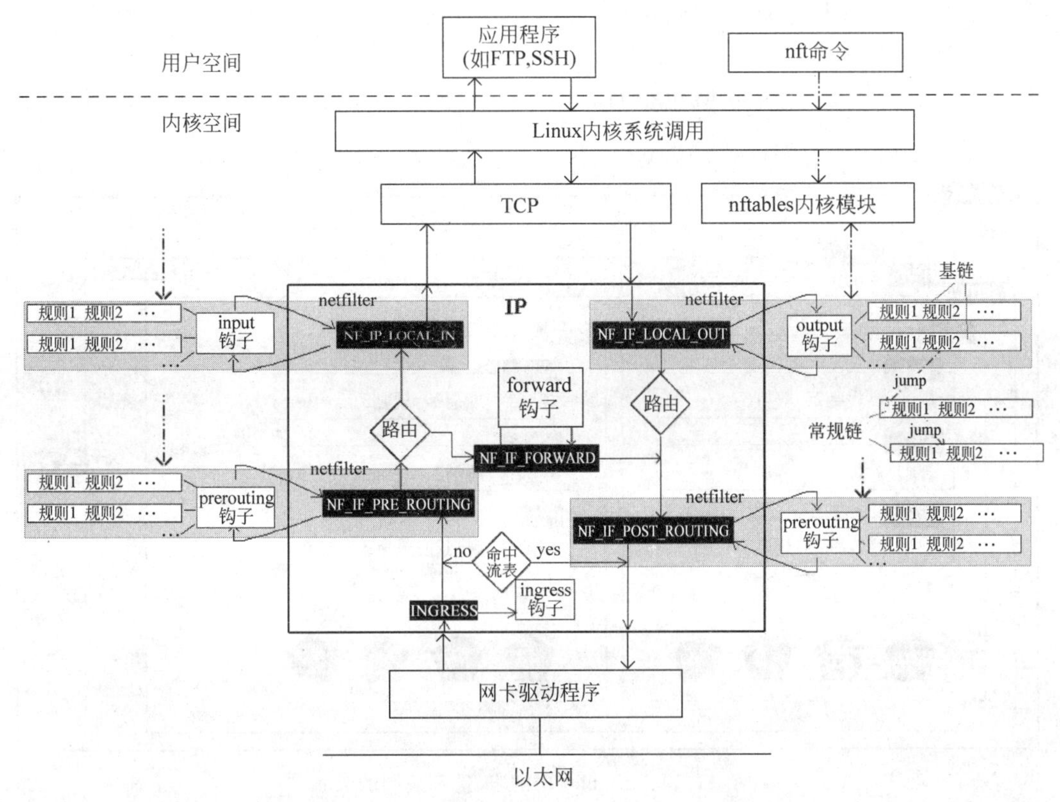

图 11.18 TCP/IP、netfilter 和 nftables 的关系

POST_ROUTING),数据包一旦进入陷阱,就会被预先注册的各个钩子处理,钩子根据防火墙规则决定每个包的命运,要么放行,要么销毁,要么修改后放行,要么旁路等。

nftables 具体包含 nftables 内核模块和 nft 用户工具,nftables 模块构建于 netfilter 框架之上,它其实就是一台虚拟机,由 nft 把用户输入的配置内容(源代码)编译成 nftables 认识的指令并喂给它,nftables 执行这些指令并把结果输出到 netfilter。用户采用 nft 工具编写防火墙规则相当于编程——一种新的计算机编程语言,不过比 C 语言要简单得多。

11.7.3 配置规则

在 nftables 中,一张表是一个名字空间,用作名字隔离,用户可以任意创建表,表中可包含链、集合、状态对象和变量等。一个表必须依附于一个具体的地址族(ip, ip6, inet, arp, bridge, netdev),因此表的唯一性引用就是"地址族 表名",例如 ip filter1、arp myRaw。链是规则的容器,有两种类型的链,一种称为基链,另一类称为常规链,基链必须挂在 netfilter 的某个钩子上,一共有 5 个钩子,分别是 prerouting、input、forward、output 和 postrouting(见图 11.18),基链能看到 TCP/IP 协议栈上的数据包,被挂载在同一个钩子上的多条基链通过各自的优先级来排序处理。基链的优先级为有符号整数,挂在同一个钩子上的多条基链,优先级小的被优先处理(如优先级为−10 的基链比 20 的基链先处理),但是如果某条基链拒绝或者删除了数据包,则后续的基链不再被处理。而常规链不挂在钩子上,是通过从其他链 jump 或 goto 过来的,一个不被 jump 或 goto 到的常规链没有什么作用,就像一个不被调用的函数那样永远得不到执行。被jump到的链需要返回,而goto不用返回。这里的规则就是防火墙规则,一条规则由表达式和语句组成,如果一个经过的数据包匹配表达式成功,那么就对该数据包执行规则中的语句。表、链和规则的关系如图11.19所示。

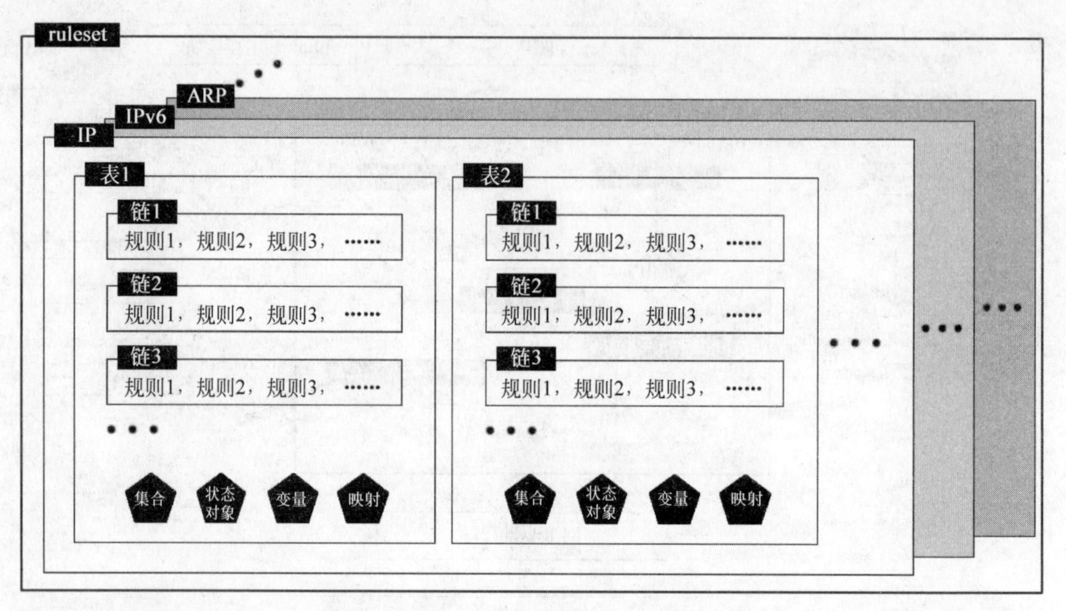

图11.19 nftables中的表、链和规则的关系

假设netfilter子系统的output钩子上挂了3条基链,分别命名为基链1、基链2和基链3,优先级依次增大,基链2的某条规则jump到常规链1。就可以这样描述数据包被nftables处理的情景:一个数据包到达netfilter子系统的output钩子(见图11.18),先由基链1处理数据包,基链1通过后再由基链2处理数据包,基链2中的某条规则jump到常规链1,因此常规链1处理数据包,然后数据包被常规链1中某条规则删除了,因此数据包不会到达基链3。

表对名字的隔离性为用户带来了极大的方便,应用程序可以单独创建自己的表、链和规则,不用考虑是否会影响其他应用,iptables没有这个优势。

一条规则的语义如下:

```
表达式 [ 表达式 表达式 …] 语句 [ 语句 …]
```

即:如果一个"到达"本规则的数据包匹配全部"表达式",那么该数据包就被执行"语句",可用的语句有:accept(通过)、drop(删除)、jump(调用其他常规链)、goto(跳转到其他常规链)、reject(拒绝)、log(记录日志)、snat(源地址转换)、dnat(目的地址转换)、meta(设置元数据:标记、优先级或跟踪线索)、queue(排队)、dup(复制)、mangle(修改包的头部)、counter(计数)、notrack(不做连接跟踪)等(详见https://wiki.nftables.org/wiki-nftables/index.php/Main_Page)。

用户可以使用nft命令编写规则,有三种方法:一是直接带参数一条一条执行nft命令,二是运行"nft -i"进入交互界面编写规则,三是编写规则文件然后运行下面的命令一次性提交(文件的首行必须是＃！ /usr/sbin/nft -f)。例如：

```
nft  -f  myFile.nft
```

(1) 管理 ruleset 的命令编写规则。

```
nft [-a] {list | flush} ruleset [地址族]
```

参数-a 可与 list 配合使用,显示每个对象的句柄。

例如：

显示系统中的防火墙规则：nft list ruleset

清除系统中的防火墙规则：nft flush ruleset

显示 IP 地址族的防火墙规则：nft list ruleset ip

清除 bridge 地址族的防火墙规则：nft flush ruleset bridge

(2) 管理表的命令编写规则。

```
nft  {add | create} table [地址族] 表名 [ { flags dormant } ]
        nft  {delete | list | flush} table [地址族] 表名
         nft  delete table [地址族] handle 表句柄
```

add 与 create 的区别是当表存在时 create 会返回错误,而 add 会修改现存的表。如果省略“地址族”,默认是 IP。如果指明了 dormant,表示本表失效。在 nftabkes 中,每一个表、链、规则等对象都有一个唯一的 ID 号(称为句柄),可用“nft -a list …”显示各个对象的句柄,如 nft -a list ruleset。

例如：

在 IP 地址族中创建一个表 myFilter：nft add table myFilter

在 arp 地址族中新建表 arp_tb：nft create table arp arp_tb

使 IP 地址族中的 myFilter 表失效：nft add table myFilter { flags dormant \; }

删除 arp 地址族中的表 arp_tb：nft delete table arp arp_tb

清除 IP 地址族中的表 myFilter 中的全部规则：nft flush table ip myFilter

(3) 管理链的命令编写规则。

```
nft {add | create} chain [地址族] 表名 链名 [ { type 类型 hook 钩子 [device 设备] priority 优先
级 [policy 策略] } ]
                    nft {delete | list | flush} chain [地址族] 表名 链名
                       nft delete chain [地址族] 表名 handle 链句柄
                         nft rename chain [地址族] 表名 链名 新链名
```

add 和 create 的区别参见上面的“(2)管理表的命令编写规则”。“设备”指网卡名称,如 eth0、ens33 等,如果“钩子”为 ingress,那么“设备”不能省略。“策略”只允许定义在基链上,指明本链中的规则如果没有明确定义“接受”或者“拒绝”语句,那么就执行“策略”,“策略”的值可为 accept 或者 drop,如果基链中没有定义策略,默认就是 accept。创建基链时,类型、钩子和优先级不能省略,基链被直接挂接在钩子上,流进的数据包首先被基链处理,在上面的第一条语法中,如果省略了花括号中的内容,那么就是创建常规链。地址族、类型和钩子的有效组合见表 11.5。

表 11.5 地址族、类型和钩子的有效组合

类型	地址族	钩　子	说　明
filter	全部	全部	filter 类型的链用于过滤数据包。但是 netdev 地址族只能与 filter 和 ingress 组合，arp 地址族只能与 input，output 和 filter 组合
nat	IPv4，IPv6	prerouting，input，output，postrouting	nat 类型的链用于地址转换，只有一个链接的第一个包会被本链处理
route	IPv4，IPv6	output	如果一个数据包的 IP 头部被修改，那么本类型的链会执行一个新的路由查找。在 nftables 中，route 类型的链通常用于实现策略路由

例如：

在 ip myFilter 中增加一条常规链 myChain：nft add chain ip myFilter myChain

在 ip myFilter 中增加一条基链 baseChain：nft add chain ip myFilter baseChain { type filter hook input priority 10 \；policy accept \；}

删除 ip myFilter 中的一条常规链 myChain：nft delete chain ip myFilter myChain

清除 ip myFilter 中的基链 baseChain 中的规则：nft flush chain ip myFilter baseChain

删除 ip myFilter 中的基链 baseChain：nft delete chain ip myFilter handle 2

（4）管理规则的命令编写规则。

```
nft [add | insert] rule [地址族] 表名 链名 [ handle 句柄 | index 索引] statement...
          nft replace rule [地址族] 表名 链名 handle 句柄 statement...
            nft delete rule [地址族] 表名 链名 handle 句柄
```

一个链里的规则的索引从 0 开始，假如有 10 条规则，索引就是从 0～9，同一条规则在不同的时刻可能对应不同的索引，但是规则句柄是固定的，所以建议少用索引多使用句柄。add 和 insert 的区别是：前者在链的末尾或者指定的规则后面增加一条规则，后者是在链的开头或者指定的规则前面增加一条规则。

例如：

在 ip myFilter 表里的链 myChain 的末尾追加一条规则：nft add rule ip myFilter myChain ip daddr 192.168.0.0/24 accept

在 myChain 链中规则句柄 4 后面插入一条规则：nft add rule myFilter myChain handle 4 ip saddr 127.0.0.9 drop

规则的编写非常复杂，里面可以引用变量、集合、状态对象、映射等，更详细的资料请参考官方文档。

11.7.4 实际例子

1. 安装

Ubuntu 18.04 执行命令：apt install nftables -y

红帽 8.0 执行命令：dnf install nftables -y

2. 工作站

Linux 工作站，允许出去，只允许外面 SSH 远程登录进来、访问网站和 ping 本机。把下面的内容输入到文件 workstation.nft，然后执行命令 nft -f workstation.nft 导入规则。

```
#!/usr/sbin/nft -f

flush ruleset
table ip filter_tb {
        chain input_ch {
                type filter hook input priority 0; policy drop;
                tcp dport { ssh, http } accept
                ip protocol icmp icmp type { echo-request,echo-reply } accept
        }
}
```

3. 边界防火墙

图 11.20 所示的边界防火墙是最流行的布局，用一台安装 Linux 和 nftables 的计算机充当防火墙。在边界防火墙上执行 nft -f ruleset.nft 即可。

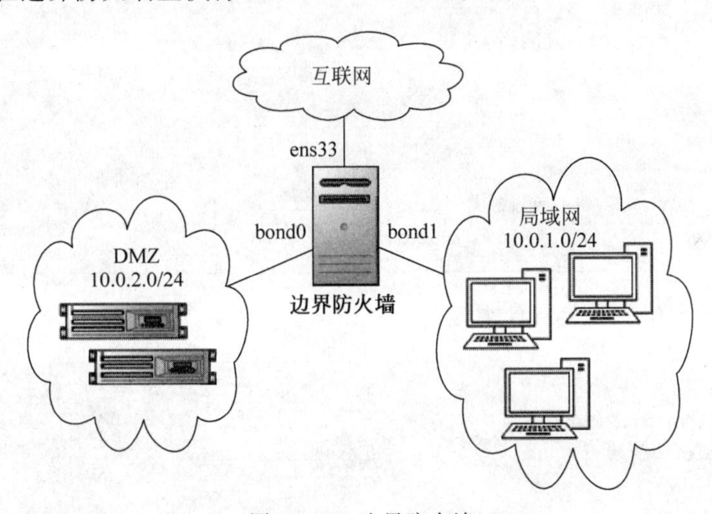

图 11.20　边界防火墙

(1) 文件 ruleset.nft 内容：

```
flush ruleset

include "./defines.nft"

table inet filter_tb {
        chain global_ch {
                ct state established,related accept
```

```
                ct state invalid drop
                ip protocol icmp accept
                ip6 nexthdr icmpv6 accept
                udp dport 53 accept
        }

        include "./inet-filter-sets.nft"
        include "./inet-filter-forward.nft"
        include "./inet-filter-local.nft"
}
```

（2）文件 defines.nft 内容：

```
# interfaces
define nic_inet = ens33
define nic_dmz = bond0
define nic_lan = bond1

# network ranks
define net_ipv4_dmz = 10.0.1.0/24
define net_ipv6_dmz = fe00:1::/64
define net_ipv4_lan = 10.0.2.0/24
define net_ipv6_lan = fe00:2::/64

# some machines
define server1_ipv4 = 10.0.1.2
define server1_ipv6 = fe00:1::2
define workstation1_ipv4 = 10.0.2.2
define workstation1_ipv6 = fe00:2::2
```

（3）文件 inet-filter-sets.nft 内容：

```
set myset_ipv4 {
         type ipv4_addr;
         elements = { $server1_ipv4 , $workstation1_ipv4 }
}

set myset_ipv6 {
         type ipv6_addr;
         elements = { $server1_ipv6 , $workstation1_ipv6 }
}
```

（4）文件 inet-filter-forward.nft 内容：

```
chain dmz_in {
        # your rules for traffic to your dmz servers
        ip saddr @myset_ipv4
```

```
        ip6 saddr @myset_ipv6
}

chain dmz_out {
        # your rules for traffic from the dmz to internet
}

chain lan_in {
        # your rules for traffic to your LAN nodes
}

chain lan_out {
        # your rules for traffic from the LAN to the internet
}

chain forward_ch {
        type filter hook forward priority 0; policy drop;
        jump global_ch
        oifname vmap { $nic_dmz : jump dmz_in , $nic_lan : jump lan_in }
        oifname $nic_inet iifname vmap { $nic_dmz : jump dmz_out , $nic_lan : jump lan_out
}
}
```

（5）文件 inet-filter-local. nft 内容：

```
chain input_ch {
        type filter hook input priority 0 ; policy drop;
        jump global_ch
        # your rules for traffic to the firewall here
}

chain output_ch {
        type filter hook output priority 0 ; policy drop;
        jump global_ch
        # your rules for traffic originated from the firewall itself here
}
```

11.8　FTP 服务

FTP(File Transfer Protocol,文件传输协议),用于不同计算机之间的文件传输。不同于 SFTP 用密文传输(参考第 7 章),FTP 是明文传输的,所以不建议用它来跨因特网传输敏感信息。在 Ubuntu 18.04 上实现 FTP 功能的软件有 PureFTPD、vsFTPD 和 ProFTPD 等,其中 vsFTP(Very Secure FTP)是一种在 UNIX/Linux 中非常安全且快速稳定的 FTP 服务器。下面讲述 vsFTPD 的安装和配置,假设有 50 个用户,其中前 10 个可以上传和下载文件,后 40 个用户只能下载文件。

1) 安装和配置 vsFTPD

```
apt -y install vsftpd                              #安装
vim /etc/vsftpd.conf                               #配置 vsftpd,修改 vsftpd.conf,开启如下选项
```

```
allow_writeable_chroot = YES
anonymous_enable = NO
chroot_local_user = YES
dirmessage_enable = YES
ftpd_banner = 欢迎进入我的 FTP 服务器!
guest_enable = YES
guest_username = vsftpduser
listen = YES
local_enable = YES
pam_service_name = vsftpd
xferlog_enable = YES
user_config_dir = /etc/vsftpd_user_conf
secure_chroot_dir = /var/run/vsftpd/empty
```

注意:每一行的行首和行尾不能出现空格。

2) 建立虚拟用户库

执行下面一条命令产生 50 个虚拟用户和密码并保存在临时文件/tmp/users.list 中(奇数行是用户名,偶数行是密码):

```
for((i=1;i<51;i++)); do echo -e "ftpuser$i\npassword$i">>/tmp/users.list; done
```

```
#用户名是 ftpuser1, ftpuser2, ftpuser3,……;密码分别是 password1, password2,……
apt -y install db-util                                        #安装贝克利库管理软件包
db5.3_load -T -t hash -f /tmp/users.list /etc/vsftpd_login.db  #产生用户库文件
chmod 600 /etc/vsftpd_login.db
rm  -rf  /tmp/users.list
```

3) 配置

下面为每个虚拟用户创建家目录。

```
useradd -m -d /home/vsftpduser -s /usr/sbin/nologin vsftpduser      #创建用户 vsftpduser
for((i=1;i<51;i++)); do mkdir /home/vsftpduser/ftpuser$i; done
chown -R vsftpduser: /home/vsftpduser
chmod -R 700 /home/vsftpduser
```

下面为每个虚拟用户创建配置文件。

```
    mkdir /etc/vsftpd_user_conf
    cd /etc/vsftpd_user_conf
    for((i=1;i<51;i++)); do echo "anon_world_readable_only = NO"> ftpuser$i; done
    for((i=1;i<51;i++)); do echo "local_root = /home/vsftpduser/ftpuser$i">> ftpuser
$i; done
    for((i=1;i<11;i++)); do echo -e "write_enable = YES\nanon_upload_enable = YES\nanon_
mkdir_write_enable = YES\nanon_other_write_enable = YES">> ftpuser$i; done
```

下面创建 pam 身份鉴别机制。

```
echo "auth required pam_userdb.so db=/etc/vsftpd_login" >/etc/pam.d/vsftpd
echo "account required pam_userdb.so db=/etc/vsftpd_login" >>/etc/pam.d/vsftpd
```

4）重启 vsftpd 并测试

```
systemctl restart vsftpd.service
ftp localhost                                              #本机测试
Connected to 127.0.0.1.
220 欢迎进入我的 FTP 服务器!
Name (127.0.0.1:root): ftpuser1
331 Please specify the password.
Password:
230 Login successful.
Remote system type is UNIX.
Using binary mode to transfer files.
ftp>
```

这样表明与 FTP 服务器建立了链接，接下来就可以上传和下载文件了。输入 help 列出全部可用的命令。

```
ftp> help
```

```
!            dir          mdelete      qc           site
$            disconnect   mdir         sendport     size
account      exit         mget         put          status
append       form         mkdir        pwd          struct
ascii        get          mls          quit         system
bell         glob         mode         quote        sunique
binary       hash         modtime      recv         tenex
bye          help         mput         reget        tick
case         idle         newer        rstatus      trace
cd           image        nmap         rhelp        type
cdup         ipany        nlist        rename       user
chmod        ipv4         ntrans       reset        umask
close        ipv6         open         restart      verbose
cr           lcd          prompt       rmdir        ?
delete       ls           passive      runique
debug        macdef       proxy        send
```

其中最常用的命令有！(执行本地命令)、dir(列出服务器上的文件)、lcd(改变本地目录)、mkdir(在服务器上创建目录)、get(下载文件)、put(上传文件)。采用 help 可以获取命令的用法，例如：

```
ftp> help get
ftp> lcd /etc                #进入本地的/etc 目录
ftp> put profile             #上传文件 profile
ftp> dir
200 PORT command successful. Consider using PASV.
```

```
150 Here comes the directory listing.
-rw----     12004     2004          665 Aug 26 17:07 123.txt
-rw----     12004     2004          665 Aug 26 17:45 profile
226 Directory send OK.
ftp> lcd /tmp
ftp> get 123.txt               #下载文件 123.txt
ftp> exit                      #退出 FTP
```

5) Windows 上的 FTP 客户端

常见的 Windows 操作系统上的 FTP 客户端工具有 CuteFTP、LeapFTP 和 FlashFXP，下面介绍如何使用 CuteFTP。

从 http://www.cuteftp.com/下载使用版并安装，启动 CuteFTP 后按照图 11.21 所示的步骤链接服务器并下载文件。

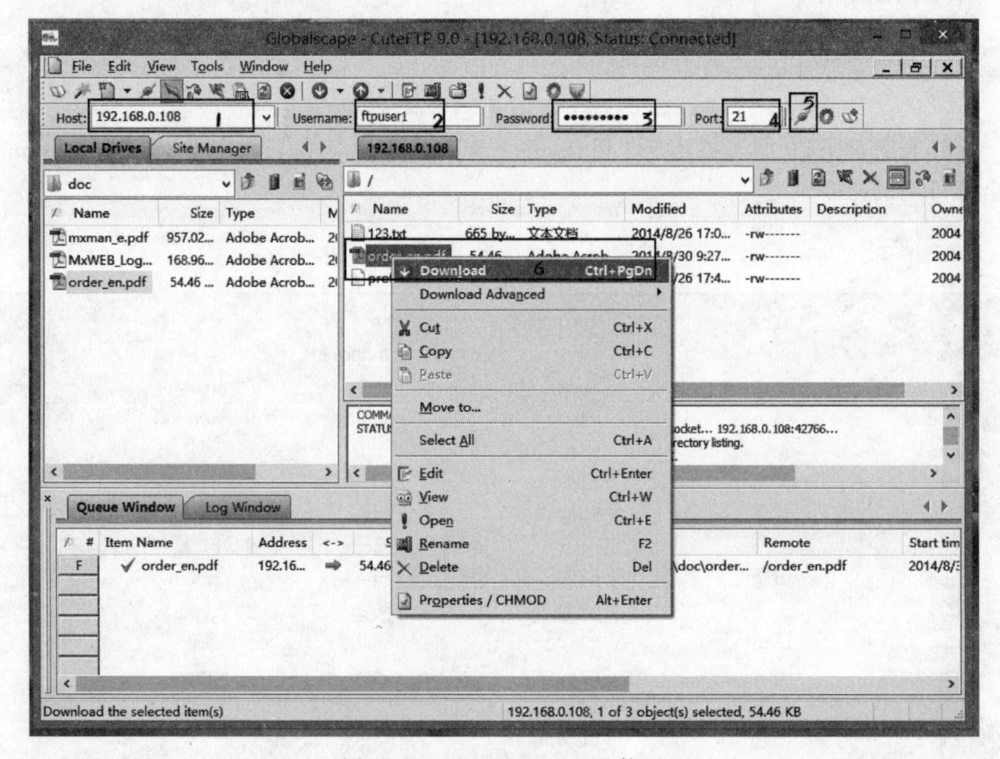

图 11.21　CuteFTP 工具的使用

在左边的大窗口中选中需要上传的文件或目录，然后右击并选择 Upload 或者按快捷键 Ctrl+PageUP，类似地，在右边的窗口中选中需要下载的文件或目录，然后按快捷键 Ctrl+PageDown 下载。

6) 总结

虚拟用户通过 FTP 链接服务端并下载文件的过程是这样的：用户采用 FTP 客户端呼叫 FTPD 服务器的 20 端口，然后输入虚拟用户名(如 ftpuser21)和密码，FTPD 服务器把用户名和密码传递给 PAM 身份认证系统(参考第 1 步中的配置项 pam_service_name=vsftpd)，PAM 认证系通过查看配置文件/etc/pam.d/vsftpd(参考第 3 步)得知，要去/etc/

vsftpd_login.db 文件中查找用户对应的密码(参考第 2 步),如果查到该用户且密码相同,那么就通知 FTPD 服务器身份验证成功,FTPD 服务器再参考用户配置目录(参考第 1 步中的配置项 user_config_dir=/etc/vsftpd_user_conf)下的与用户名相同的配置文件(如 ftpuser21),找到该用户的家目录(如/home/vsftpduser/ftpuser21),然后进入该目录并且在屏幕上显示提示符“ftp>”,此时就可以下载和上传文件等操作了。

11.9 DNS 服务

DNS(Domain Name Service,域名服务),主要完成由域名查询 IP 地址的任务,属于基础网络服务。

11.9.1 域名解析

人们都是通过域名来访问网站,因为诸如 www.weisuan.com 的域名便于记忆,但是计算机最终只能通过 IP 地址才能访问网站服务器,通过域名找到对应的 IP 地址就是 DNS 服务器的重要功能——称为域名解析,参见图 11.3。企业搭建网站必做的三件事:

(1) 注册域名,例如在 www.godaddy.com 上注册域名 www.weisuan.com;

(2) 租赁网站空间,例如租用 VPS(Vtual Private Server,虚拟专用服务器),IP 地址是 59.188.87.107;

(3) 在 DNS 服务器增加一条 A 记录“www.weisuan.com A 59.188.87.107”(登录 www.godaddy.com 操作)。这样任何人访问 www.weisuan.com 网站时 DNS 服务器都会解析到 IP 地址 59.188.87.107,这个地址就是企业的 VPS,网站就放在这里。

目前世界上的域名达十几亿之多,有分布在各个国家的成千上万台 DNS 服务器承担解析任务,这些服务器之间的关系要么是上/下关系,要么是主/从关系,要么是镜像关系,要么是缓存关系。用户在一台 DNS 服务器上添加了 A 记录,通常要过数小时后才能正确解析,原因是把新加的 A 记录同步到世界各地的主从、镜像和缓存服务器需要花费数小时的时间。那么又怎么来理解 DNS 服务器的上/下级关系呢?这要从域名的结构说起,域名 www.weisuan.com 的完整写法应该是“www.weisuan.com.”,最后还有一个点。所有这种采用点分结构的域名组成一颗倒树,参见图 11.22。

在图 11.22 中,用“.”连接从叶子到根的每一个节点就成了一个完整的域名,如 www.gdpi.edu.cn.、www.google.com.、ftp.gdpi.edu.cn. 等。每一层都由若干台 DNS 服务器管理,上一层负责管理下一层服务器的信息。对域名做解析时是从域名的右边开始的,如解析域名 www.weisuan.com. 的过程是这样的:最右侧是“.”,因此到根 DNS 服务器去查询专门负责解析 com 顶级域的 DNS 服务器的 IP 地址,然后再通过 com 对应的 DNS 服务器(每一层都有多个 DNS 服务器)去查询专门负责解析 weisuan 二级域名的 DNS 服务器的 IP 地址,最后再通过子域 DNS 服务器去查询主机名为 www 的这台主机的资源记录,从而得到 www.weisuan.com. 的 IP 地址。可以通过 dig +trace www.weisuan.com. 命令来追踪整个 DNS 查询的过程。

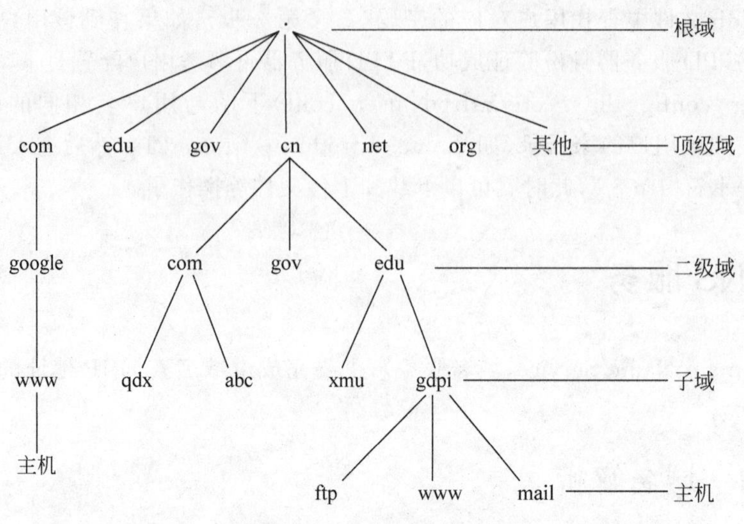

图 11.22 域名倒树结构

```
[root@RHEL8 ~]# dig +trace www.weisuan.com.
; <<>> DiG 9.9.4-RedHat-9.9.4-14.el7 <<>> +trace www.weisuan.com
;; global options: +cmd
.                       1974    IN      NS      b.root-servers.net.
.                       1974    IN      NS      g.root-servers.net.
.                       1974    IN      NS      c.root-servers.net.
.                       1974    IN      NS      l.root-servers.net.
.                       1974    IN      NS      e.root-servers.net.
.                       1974    IN      NS      i.root-servers.net.
.                       1974    IN      NS      m.root-servers.net.
.                       1974    IN      NS      j.root-servers.net.
.                       1974    IN      NS      h.root-servers.net.
.                       1974    IN      NS      k.root-servers.net.
.                       1974    IN      NS      d.root-servers.net.
.                       1974    IN      NS      a.root-servers.net.
.                       1974    IN      NS      f.root-servers.net.
;; Received 397 bytes from 8.8.8.8#53(8.8.8.8) in 100395 ms

com.                    172800  IN      NS      a.gtld-servers.net.
com.                    172800  IN      NS      b.gtld-servers.net.
com.                    172800  IN      NS      c.gtld-servers.net.
com.                    172800  IN      NS      d.gtld-servers.net.
com.                    172800  IN      NS      e.gtld-servers.net.
com.                    172800  IN      NS      f.gtld-servers.net.
com.                    172800  IN      NS      g.gtld-servers.net.
com.                    172800  IN      NS      h.gtld-servers.net.
com.                    172800  IN      NS      i.gtld-servers.net.
com.                    172800  IN      NS      j.gtld-servers.net.
com.                    172800  IN      NS      k.gtld-servers.net.
com.                    172800  IN      NS      l.gtld-servers.net.
com.                    172800  IN      NS      m.gtld-servers.net.
```

```
;; Received 739 bytes from 199.7.83.42#53(l.root-servers.net) in 89377 ms

weisuan.com.            172800  IN      NS      ns67.domaincontrol.com.
weisuan.com.            172800  IN      NS      ns68.domaincontrol.com.
;; Received 613 bytes from 192.33.14.30#53(b.gtld-servers.net) in 1422 ms

www.weisuan.com.        3600    IN      CNAME   weisuan.com.
weisuan.com.            3600    IN      A       59.188.87.107
weisuan.com.            3600    IN      NS      ns68.domaincontrol.com.
weisuan.com.            3600    IN      NS      ns67.domaincontrol.com.
;; Received 126 bytes from 216.69.185.44#53(ns67.domaincontrol.com) in 250 ms
```

可以看到整个 DNS 查询过程就是根据域名从右到左一步步查询,. root DNS→com DNS→weisuan DNS→www。图 11.23 很好地阐释了域名的迭代解析过程(递归解析请参阅其他资料)。

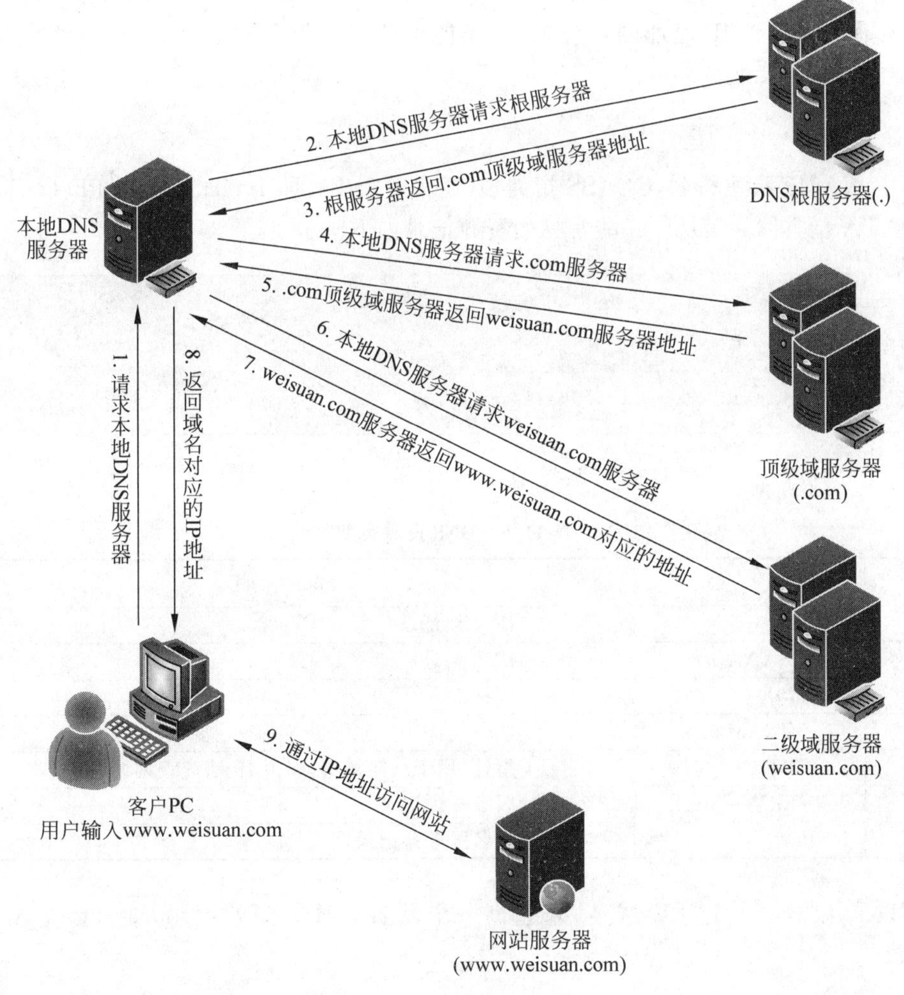

图 11.23 域名的迭代解析

为了加快域名解析速度,当前的DNS服务器都有本地缓存的功能,例如只要之前有人请求过.com的域名,那么本地DNS服务器就缓存了顶级域服务器的IP地址,如果也有人曾经请求过.weisuan.com的域名,那么本地DNS服务器就缓存了二级域服务器的IP地址,如果有人已经访问过www.weisuan.com网站,那么本地DNS服务器和用户自己的计算机就缓存了此域名对应的IP地址,以后再次访问这个域名,本地DNS服务器直接返回IP,根本不用去请求其他DNS服务器,所以域名解析的速度很快。另外用户也可以把域名和对应的IP添加到客户自己计算机的hosts文件中(Linux下是/etc/hosts,Windows下是C:\windows\system32\drivers\etc\hosts),这样在此PC上浏览www.weisuan.com时就不用请求本地DNS服务器。可用下面的命令往/etc/hosts文件中添加一行:

```
echo "www.weisuan.com  59.188.87.107" >>/etc/hosts
```

11.9.2 资源记录

DNS服务器上的信息都是通过资源记录(RR=Resource Record)的格式进行保存,RR不仅能够保存域名到IP地址的对应关系,还能保持其他很多的信息。一条RR记录的格式是:

```
NAME    CLASS    TYPE    RDATA
```

其中NAME指主机名,CLASS指类别(通常等于IN,即Internet),TYPE指记录的类型,RDATA指具体的信息。一些常见的资源记录如下所示:

```
weisuan.com.     IN  A       59.188.87.107
mail             IN  A       192.168.1.2
www              IN  CNAME   weisuan.com.
                 IN  MX      10  mail.gmail.com.
```

表11.6列举了一些常见的资源类型TYPE。

表11.6 DNS资源类型

序号	类 型	说 明
1	A	IPv4地址
2	AAAA	IPv6地址
3	MX	邮件记录
4	CNAME	别名
5	PTR	指针(用于反向解析,即由IP地址查询域名)
6	SRV	服务资源记录
7	NS	域名服务器记录

可以采用"dig -t TYPE 域名"来查询一个域名某种类型的记录,如dig -t A www.google.com。

11.9.3　安装和配置 DNS

在红帽 8.0 上搭建一个主 DNS 服务器，采用经典的 bind 开源软件，资源记录保存在文件中。

1. 安装

安装命令如下：

```
dnf -y install bind bind-chroot bind-utils
systemctl enable named-chroot.service
setenforce 0
setsebool -P named_write_master_zones 1
```

DNS 服务软件包是 bind，bind-utils 是一些配置工具，而 bind-chroot 是 chroot 环境。DNS 服务是 named-chroot.service，对应的服务程序是/usr/sbin/named，启动后它监听 53 号端口。第三条命令是把 SELinux 置为 Permissive 模式，不过最好编辑文件/etc/sysconfig/selinux 把它关闭。第四条命令自动创建了系统用户 named，此用户专门用来运行 DNS 服务进程。

2. 配置

配置文件是/etc/named.conf 和/etc/named.rfc1912.zones。资源记录保存在目录/var/named 下各个文件中。为了安全，bind 运行在伪根环境（即 chroot），所以配置文件的目录改变了，如下所示：

```
/var/named/chroot/etc/named.conf
/var/named/chroot/etc/named.rfc1912.zones
/var/named/chroot/var/named
```

再执行下面的命令生成伪根目录下需要的文件和目录。

```
cp  -v   /etc/named.*    /var/named/chroot/etc/
cp  /etc/localtime   /var/named/chroot/etc/
chmod  o-rwx,g+r   /var/named/chroot/etc/*
chgrp  named   /var/named/chroot/etc/*
cp  -rvp  /var/named/data   /var/named/chroot/var/named/
cp  -rvp  /var/named/dynamic   /var/named/chroot/var/named/
cp  -vp  /var/named/named.*   /var/named/chroot/var/named/
```

```
vim /var/named/chroot/etc/named.rfc1912.zones                #在文件末尾加上下面的内容
```

```
zone "weisuan.com" in {
        type master;
        file "named.weisuan.com";
};
zone "0.168.192.in-addr.arpa" in {
```

```
        type master;
        file "named.0.168.192.in-addr.arpa";
};
```

下面再来编辑两个资源文件 named.weisuan.com 和 named.0.168.192.in-addr.arpa。

vim /var/named/chroot/var/named/named.weisuan.com

```
$TTL 1D
@       IN SOA  @ weisuan.com. (
                                        0       ; serial
                                        1D      ; refresh
                                        1H      ; retry
                                        1W      ; expire
                                        3H )    ; minimum
@       IN      NS      www
www     IN      A       192.168.0.10
www1    IN      A       192.168.0.10
ftp     IN      CNAME   www
mail    IN      A       192.168.0.11
```

vim /var/named/chroot/var/named/named.0.168.192.in-addr.arpa

```
$TTL 1D
@       IN SOA  @ weisuan.com. (
                                        0         ; serial
                                        1D        ; refresh
                                        1H        ; retry
                                        1W        ; expire
                                        3H )      ; minimum
@       IN      NS      www.weisuan.com.
95      IN      PTR     www.weisuan.com.
        IN      PTR     ftp.weisuan.com.
96      IN      PTR     mail.weisuan.com.
```

这个资源文件主要是完成反向解析,即由 IP 查询域名。写好配置文件后可以采用命令 named-checkconf 和 named-checkzone 检查语法,例如:

```
named-checkconf  /var/named/chroot/etc/named.conf
named-checkzone weisuan.com /var/named/chroot/var/named/named.weisuan.com
```

修改新加的两个资源文件的权限:

```
chmod  o-rwx,g+r  /var/named/chroot/var/named/*
chgrp  named  /var/named/chroot/var/named/*
```

最后启动 DNS 服务,named 进程首先陷入伪根/var/named/chroot/目录,然后才读取配置文件/etc/named.conf(在真根目录下,此配置文件对应/var/named/chroot/etc/named.conf):

```
systemctl  restart  named-chroot.service
```

如果报错,那么运行命令 systemctl status -l named-chroot.service 查看错误信息。

在另一台计算机上设置 DNS 服务器为 192.168.0.10,然后运行命令 ping www.weisuan.com,看看是否正确返回 IP 地址 192.168.0.10,在 Linux 下还可使用命令 host www.weisuan.com、host 192.168.0.10,前者返回 IP,后者返回域名。

11.10 DHCP 服务

DHCP(Dynamic Host Configuration Protocol,动态主机配置协议),主要功能是给局域网内的计算机分配网络参数(如 IP、网关、DNS 等),属于基础网络服务。

一台计算机启动时自动配置网络参数的过程如图 11.24 所示。

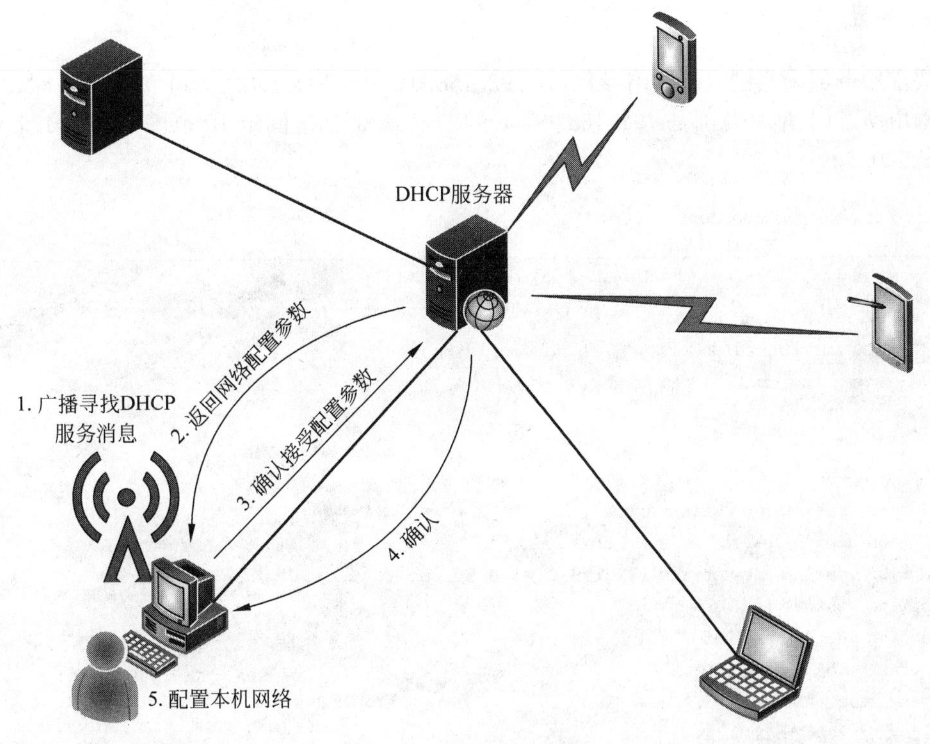

图 11.24　自动配置网络

计算机自动配置网络的过程如下。

(1) 客户机首先广播"寻找 DHCP 服务器"的消息(即 DHCP Discover)。

(2) DHCP 服务器返回网络配置参数(客户机可能会收到多个 DHCP 服务器提供的参数)。

(3) 客户机向其中一台 DHCP 服务器发送确认接收其提供的配置参数的消息(一般是

最近的那台 DHCP 服务器)。

(4) DHCP 服务器返回确认消息。

(5) 客户机配置自己的网络。

下面在红帽 8.0 上搭建 DHCP 服务,操作如下。

1. 安装

安装命令如下:

```
dnf -y install dhcp-server dhcp-client
systemctl enable dhcpd.service
setenforce 0
```

服务是 dhcpd.service,服务程序是/usr/sbin/dhcpd,启动监听 67 号端口,主配置文件目录/etc/dhcp,创建了系统用户 dhcpd,此用户专门用于运行 DHCP 服务,主配置文件是/etc/dhcp/dhcpd.conf 和/etc/dhcp/dhcpd6.conf,后者是 IPv6 的。

2. 配置

要求服务器采用固定的网络参数,在 192.168.0.201～192.168.0.224 范围内分配,办公计算机采用动态的,地址范围是 192.168.0.51～192.168.0.200,固定 IP 范围是 192.168.0.5～192.168.0.50。

vim /etc/dhcp/dhcpd.conf

```
#
# DHCP Server Configuration file.
#   see /usr/share/doc/dhcp* /dhcpd.conf.example
#   see dhcpd.conf(5) man page
#

# 全局参数:
option domain-name "weisuan.com";
option domain-search "weisuan.com";
option domain-name-servers 192.168.0.95,8.8.8.8;
option routers 192.168.0.1;
option subnet-mask 255.255.255.0;
default-lease-time 600;
max-lease-time 7200;
log-facility local7;

# 根据服务器网卡的 MAC 地址来分配固定的 IP 和主机名:
group {
        use-host-decl-names on;
         host erp-server{   hardware ethernet 08:00:46:AC:A9:8E; fixed-address 192.168.
0.201;}
        host database-server{   hardware ethernet 00:0C:29:54:94:45; fixed-address 192.168.
0.202;}
```

```
        host webserver{   hardware ethernet 00:0c:29:dd:9a:48; fixed-address 192.168.0.205;}
    }

    #办公计算机动态 IP:
    subnet 192.168.0.0 netmask 255.255.255.0 {
            range 192.168.0.51 192.168.0.200;
    }
```

最后重启 dhcpd 服务：

```
systemctl restart dhcpd.service
```

使用命令 systemctl status -l dhcpd.service 可查看 dhcpd 服务的状态信息。

11.11　samba 服务

samba 是在 Linux 上实现 SMB 协议的一个免费软件，SMB 协议主要在计算机之间(主要与 Windows 计算机)共享文件和打印机。

下面的实验把 samba 配置成独立服务器，与 Windows 之间共享目录。

1. 安装

安装命令如下：

```
dnf install amba samba-client samba-common
systemctl restart smb
systemctl enable smb
systemctl status smb
```

如果开启了防护墙，请让防火墙通过 SMB。配置文件/etc/samba/smb.conf，SMB 协议服务程序为/usr/sbin/smbd，NetBIOS 名字服务器程序为/usr/sbin/nmbd。

2. 配置

(1) Windows 能匿名访问 Linux 上的目录。

```
mkdir -p /srv/samba/anonymous
chmod -R 0777 /srv/samba/anonymous
chown -R nobody:nobody /srv/samba/anonymous
chcon -t samba_share_t /srv/samba/anonymous
vim /etc/samba/smb.conf
```

```
[global]
        workgroup = WORKGROUP
        netbios name = rhel
        security = user
```

```
...
[Anonymous]
        comment = Anonymous File Server Share
        path = /srv/samba/anonymous
        browsable = yes
        writable = yes
        guest ok = yes
        read only = no
        force user = nobody
```

其他配置不动。运行下面的命令检查配置是否正确：

```
testparam

systemctl restart smb
```

然后在 Windows 这边，按 Win＋R，然后输入\\192.168.0.20，回车后即可看到 Linux 共享的目录 anonymous，假设 Linux 计算机的 IP 地址为 192.168.0.20。

(2) Windows 通过用户和密码访问 Linux 上的目录。

```
groupadd smbgrp
useradd -g smbgrp smbuser
smbpasswd -a smbuser
mkdir -p /srv/samba/secure
chmod -R 0770 /srv/samba/secure
chown -R root:smbgrp /srv/samba/secure
chcon -t samba_share_t /srv/samba/secure
vim /etc/samba/smb.conf                    #在末尾添加如下内容
```

```
[Secure]
        comment = Secure File Server Share
        path =  /srv/samba/secure
        valid users = @smbgrp
        guest ok = no
        writable = yes
        browsable = yes
```

运行命令 testparam 检查配置是否正确。

```
systemctl restart smb.service
systemctl restart nmb.service
```

这时就可以在 Windows 访问 Linux 共享的目录了，需要输入用户名和密码。

11.12 知识拓展与作业

11.12.1 知识拓展

(1) 搭建 LNMP 网站，即 Linux＋Nginx＋MariaDB＋Python。

（2）并行 NFS，即 pNFS。

对于传统的 NFS，由于客户端都要穿过 NFS 服务器才能访问到共享数据，显然当发生大量的 I/O 吞吐时，NFS 服务器本身成为瓶颈，而 pNFS 把服务器移到了数据存取通路之外。详细介绍参见 http://www.chinastor.com/a/jishu/pNFS.html 和 http://www.pnfs.com/。

（3）了解 nft 命令的详细用法。

（4）利用 nftables 搭建负载均衡器。

（5）利用 PXE＋TFTP＋DHCP 配置网络自动引导安装 Linux。

11.12.2 作业

在你的 PC 上搭建一个邮件系统，并使用防火墙限制只允许收发邮件。

附录 Linux 实训

安装虚拟机工具

在 Windows 中安装虚拟机软件，再在虚拟机软件里安装 Linux 操作系统，对于 Linux 学习者来说是一个不错的方法。本实训采用 VirtualBox 虚拟机软件来演示如何安装它并创建一个虚拟机。

从 http://www.virtualbox.org/wiki/Downloads 下载 for Windows 版本，例如 VirtualBox-6.0.10-132072-Win.exe，双击它开始安装，一路单击 Next 按钮，直到安装完成。

安装完之后会在桌面上增加如图 A.1 所示的图标。

图 A.1　VirtualBox 的桌面图标

双击此图标启动 VirtualBox，启动后出现 VirtualBox 的管理画面，如图 A.2 所示。

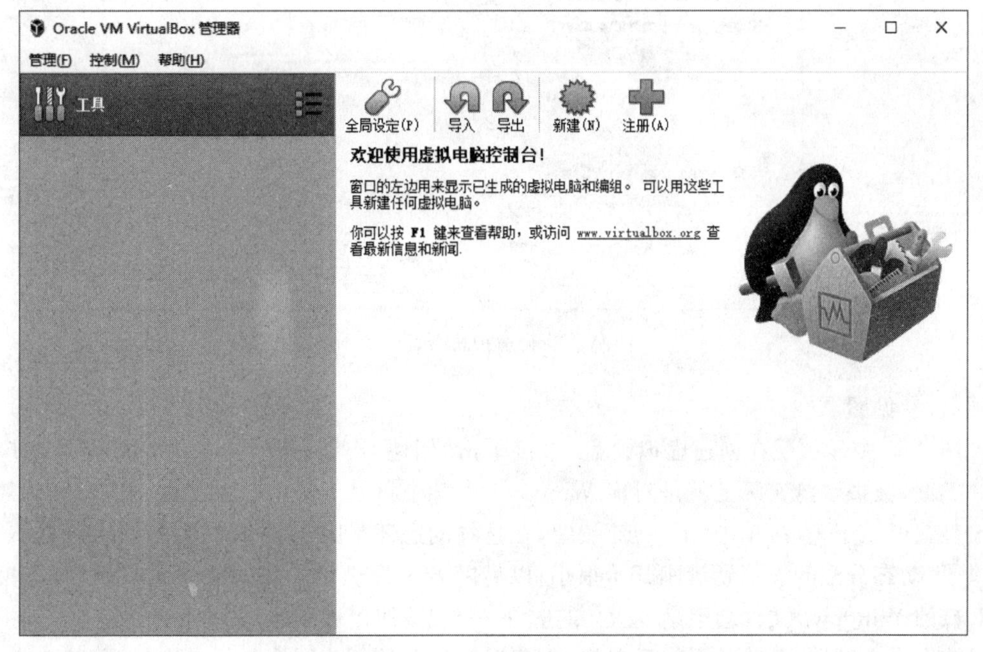

图 A.2　VirtualBox 的管理界面

接下来新建一个虚拟机并在虚拟机里安装红帽 8.0，在图 A.2 中，单击 开始新建虚拟机，参见图 A.3 和图 A.4。

这里分配 2G 的内存，虚拟机的内存一定更要小于计算机的物理内存。接下来创建虚

新建虚拟电脑

虚拟电脑名称和系统类型

请选择新虚拟电脑的描述名称及要安装的操作系统类型。此名称将用于标识此虚拟电脑。

名称: rhel 8

文件夹: F:\rhel8

类型(T): Linux

版本(V): Red Hat (64-bit)

专家模式(E) 下一步(N) 取消

图 A.3 创建虚拟机

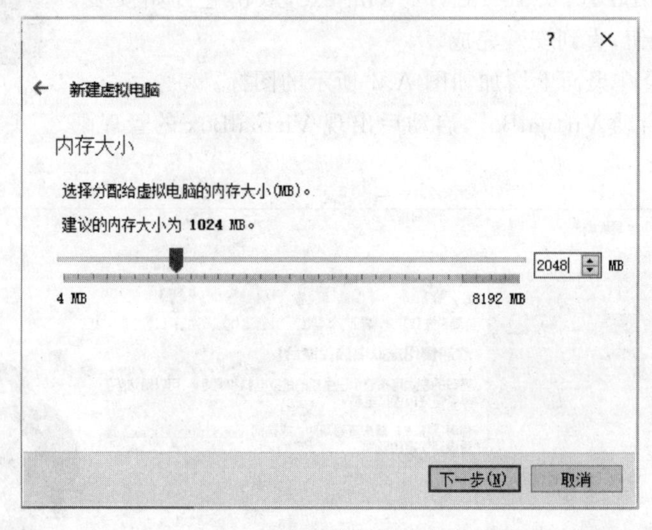

图 A.4 给虚拟机分配内存

拟硬盘,参见图 A.5。

图 A.5 中显示现在创建虚拟硬盘,直接单击“创建”按钮,然后选择虚拟硬盘所对应的文件类型,虚拟硬盘实际上就是对应 Windows 上某个目录下的一个大文件。选择默认的文件类型就可以了,直接单击“下一步”按钮,在选择动态还是固定大小时选择默认值(动态)就可以了,动态分配的虚拟硬盘刚开始很小,以后随着虚拟机里安装的文件越来越多,虚拟硬盘对应的 Windows 文件会逐渐变大,单击“下一步”按钮出现图 A.6 所示对话框。

按图中数据输入,确认无误后单击“创建”按钮,开始创建一个新的虚拟机,创建完之后,VirtualBox 的管理界面如图 A.7 所示。

图 A.7 中的右侧显示了虚拟机的具体配置。至此,一台新的虚拟机创建成功了。单击按钮图标出现如图 A.8 所示的虚拟机硬件参数配置界面,在这里可以对虚拟机的硬件做配置,例如增加硬盘、增减内容等。

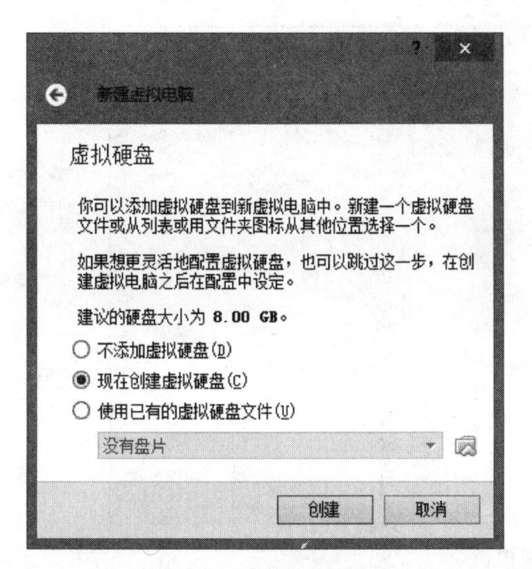

图 A.5　创建虚拟硬盘

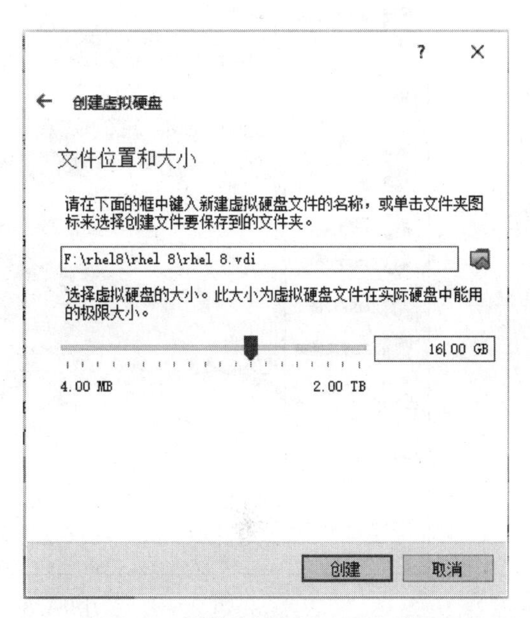

图 A.6　指定虚拟硬盘大小和位置

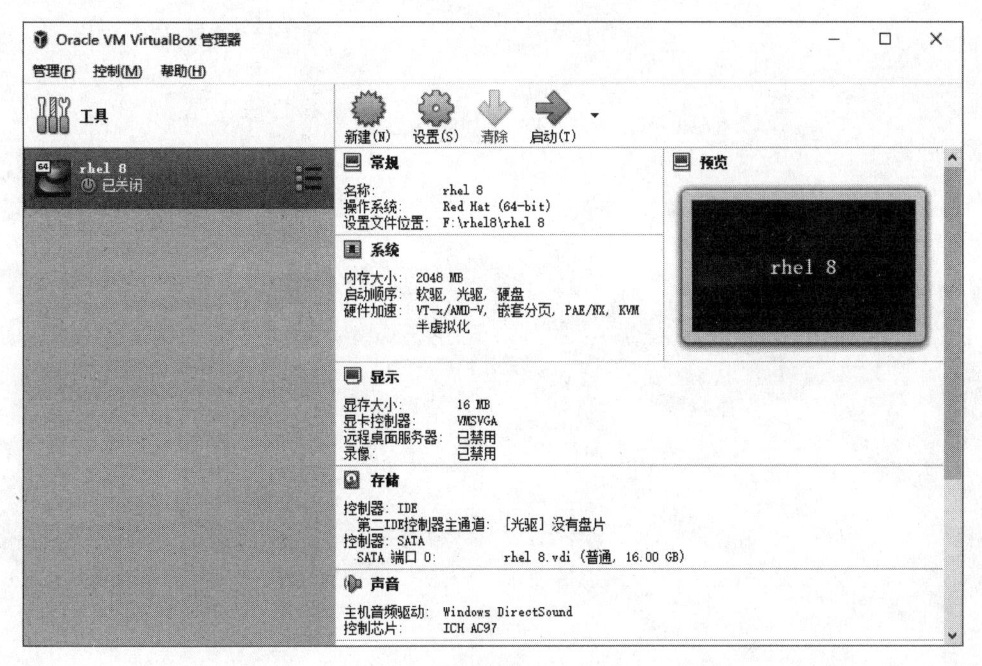

图 A.7　成功创建一台虚拟机

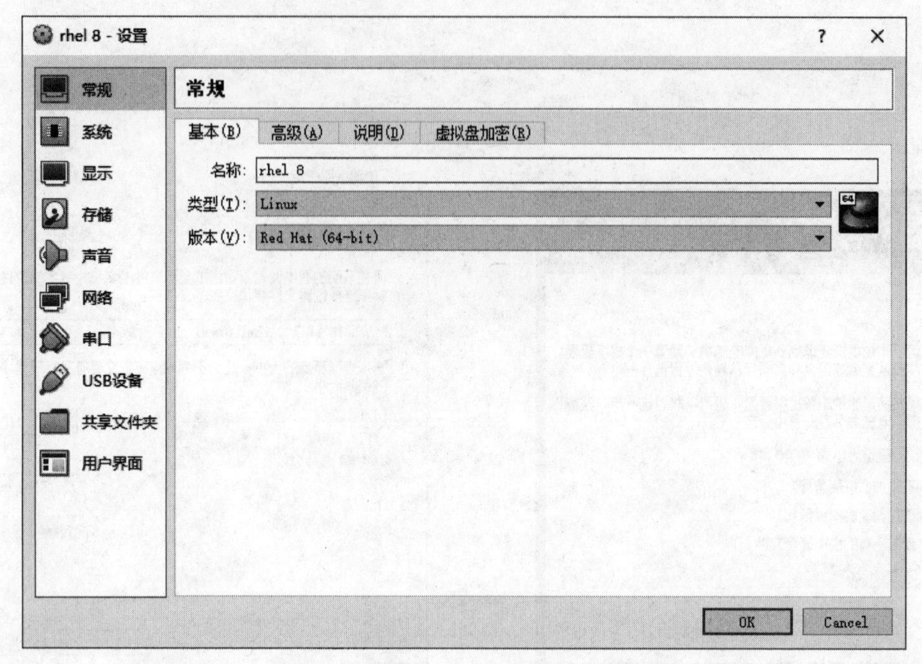
rhel 8 - 设置
常规
系统
显示
存储
声音
网络
串口
USB设备
共享文件夹
用户界面
常规
基本(B)
高级(A)
说明(D)
虚拟盘加密(E)
名称: rhel 8
类型(T): Linux
版本(V): Red Hat (64-bit)
OK
Cancel

图 A.8 配置虚拟机

安装Linux

准备工作：一台计算机或虚拟机(在 BIOS 里配置先从光盘启动)，安装光盘或 ISO 安装镜像文件(虚拟机安装可以采用)，最好接上网线并保证能连上 Internet，安装规划表参见 2.1.3 节。

从 https://developers.redhat.com/rhel8/下载红帽 8.0，如果没有账号就先注册一个。

从 http://mirrors.163.com/Ubuntu-releases/18.04.2/Ubuntu-18.04.2-desktop-amd64.iso 下载 Ubuntu 18.04 桌面版。

从 http://mirrors.163.com/debian-cd/10.0.0/amd64/iso-dvd/debian-10.0.0-amd64-DVD-1.iso 下载 Debian 10.0 版本。

注意：下面的安装界面上出现的带下画线的字母表示快捷键，同时按 Alt 和下画线字母相当于单击那个按钮。

1. 安装红帽 8.0

首先把下载的镜像文件放入虚拟机的光驱里，参见图 B.1。

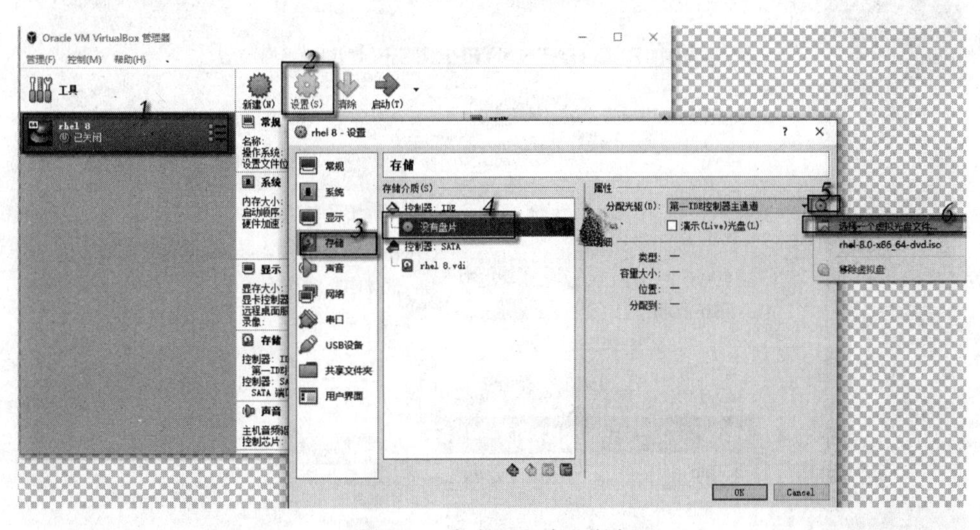

图 B.1　在光驱里放入光盘

单击 启动(T) 按钮启动虚拟机后出现如图 B.2 所示的界面，在界面单击，然后使用光标键选择 Install Red Hat Enterprise Linux 8.0.0 并回车，进入下一界面(见图 B.3)。

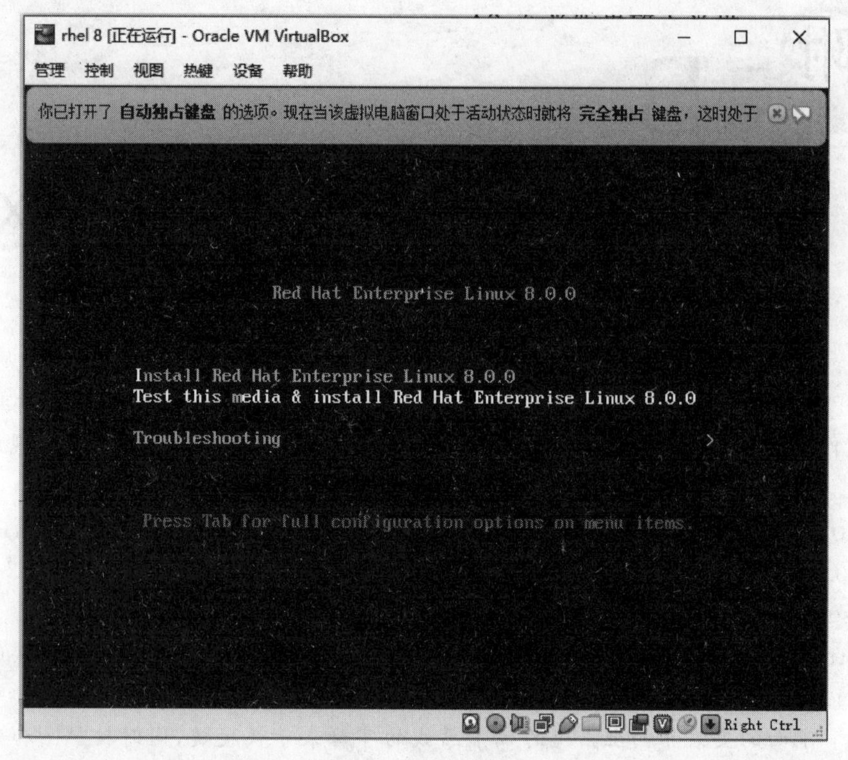

图 B.2 安装红帽 8.0

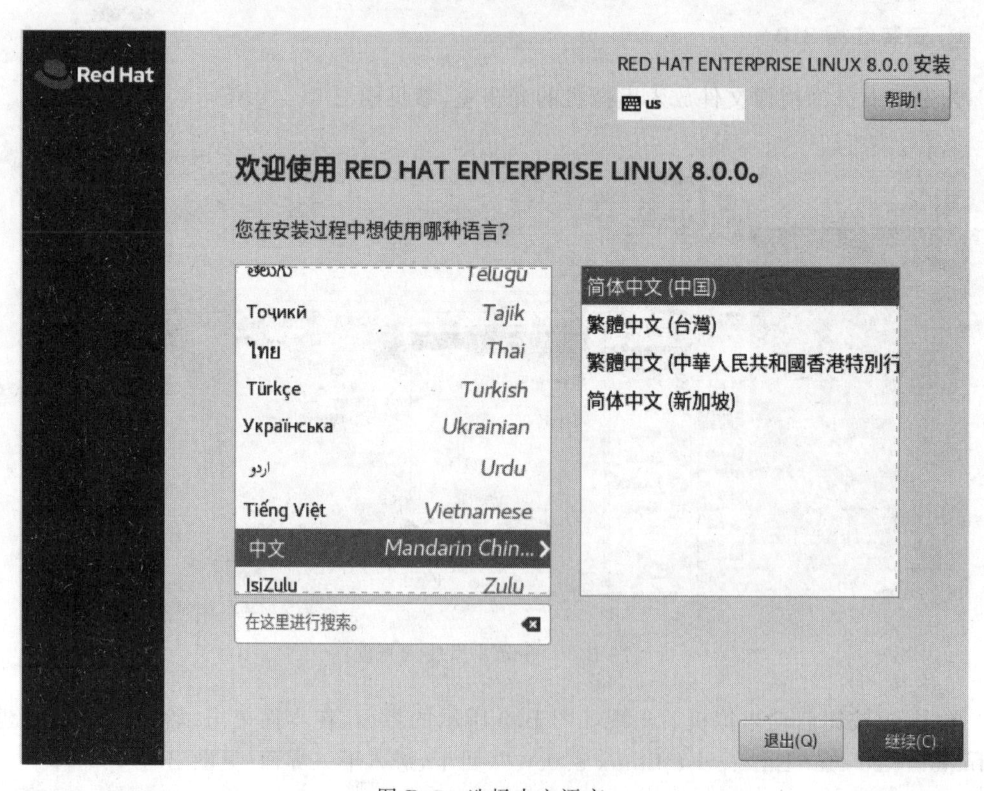

图 B.3 选择中文语言

这时鼠标被虚拟机捕获，如果要让虚拟机释放鼠标，就按 Ctrl 键。单击“继续”按钮后出现图 B.4 界面。

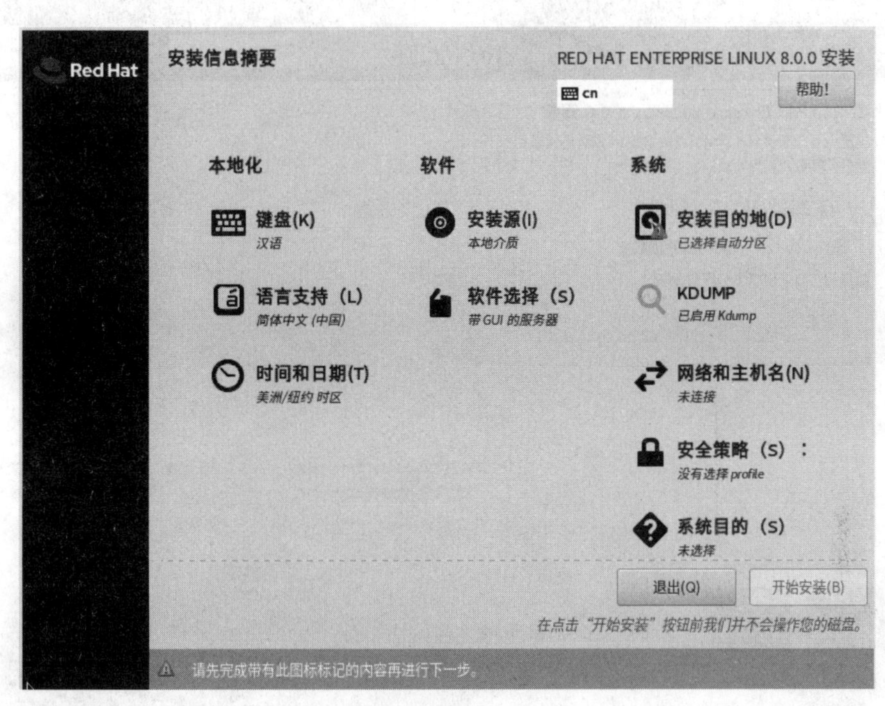

图 B.4　安装信息摘要

单击“安装目的地”后出现图 B.5，在“存储配置”栏选择“自定义”。

安装目标位置
完成(D)
RED HAT ENTERPRISE LINUX 8.0.0 安装
cn
帮助!
设备选择
选择您想要安装的设备。在您点击“开始安装”按钮之前，选择的设备并不会被操作。
本地标准磁盘
16 GiB
ATA VBOX HARDDISK
sda / 16 GiB 空闲
此处未选择的磁盘将不会被操作。
专用磁盘 & 网络磁盘
添加磁盘(A)...
此处未选择的磁盘将不会被操作。
存储配置
自动(U)
自定义(C)
完整磁盘摘要以及引导程序(F)...
已选择 1 个磁盘；容量 16 GiB；16 GiB 空闲 刷新(R)...

图 B.5　安装目标位置

单击“完成”按钮出现图 B.6 界面，选择“标准分区”。

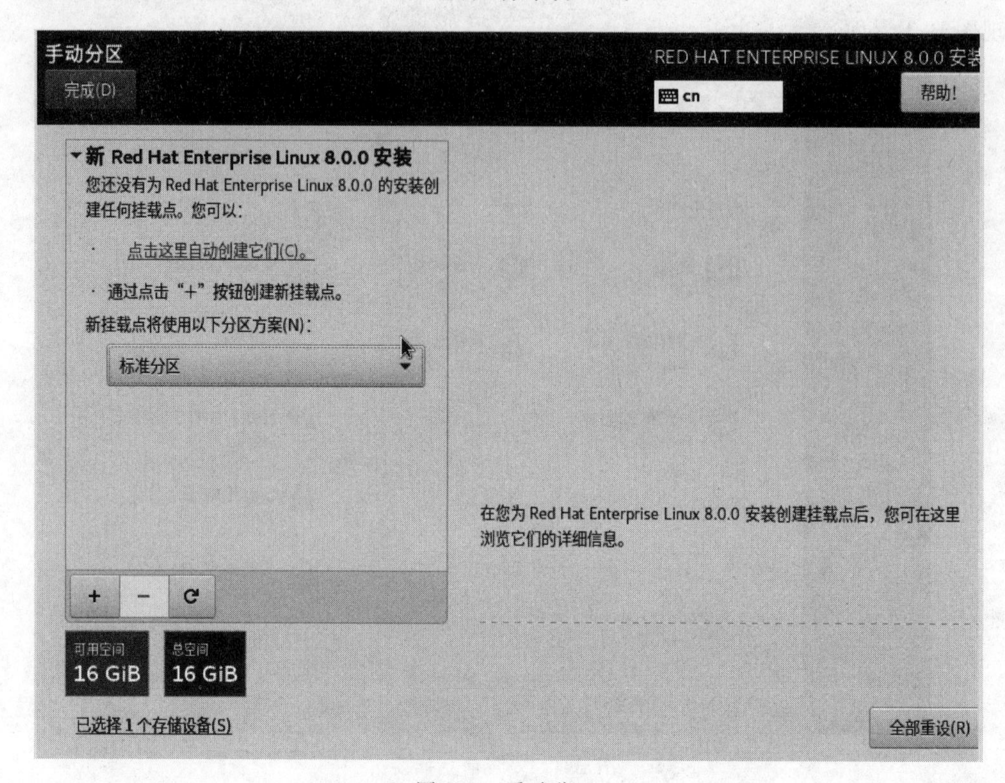

图 B.6 手动分区

单击左下角的“+”添加一个分区，一共创建两个分区：交换区和根分区，图 B.7(a)是创建交换区，图 B.7(b)是创建根分区，根分区没有输入大小，即为硬盘剩余的全部空间。

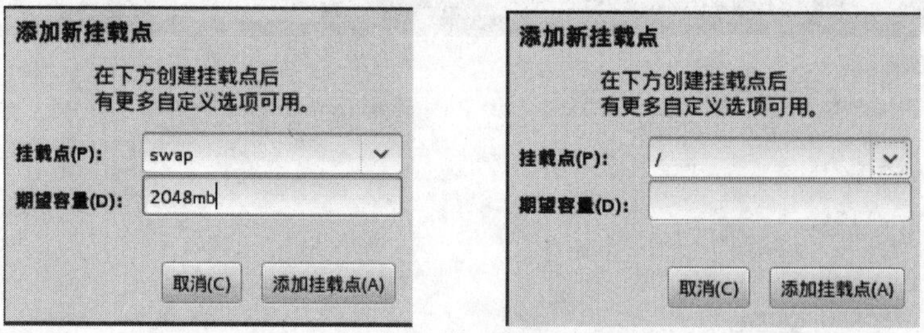

(a)

(b)

图 B.7 创建分区

建好分区后的界面如图 B.8 所示，在这里可以修改分区、删除分区。

单击左上角的“完成”按钮，出现图 B.9 的界面，直接单击“接受更改”(按钮)。

此时回到图 B.4 所示的界面，单击“软件选择”，出现图 B.10 的界面，选择“工作站”，在右侧可以再选择一些附加软件，如办公套件和生产率、远程桌面客户端等，当然这些软件以后可随时安装。默认是带 GUI 的服务器，最小安装是没有图形界面的。然后单击“完成”按钮。

此时再次回到图 B.4 所示的画面，然后单击“时间和日期”设置上海时区，最后单击“开

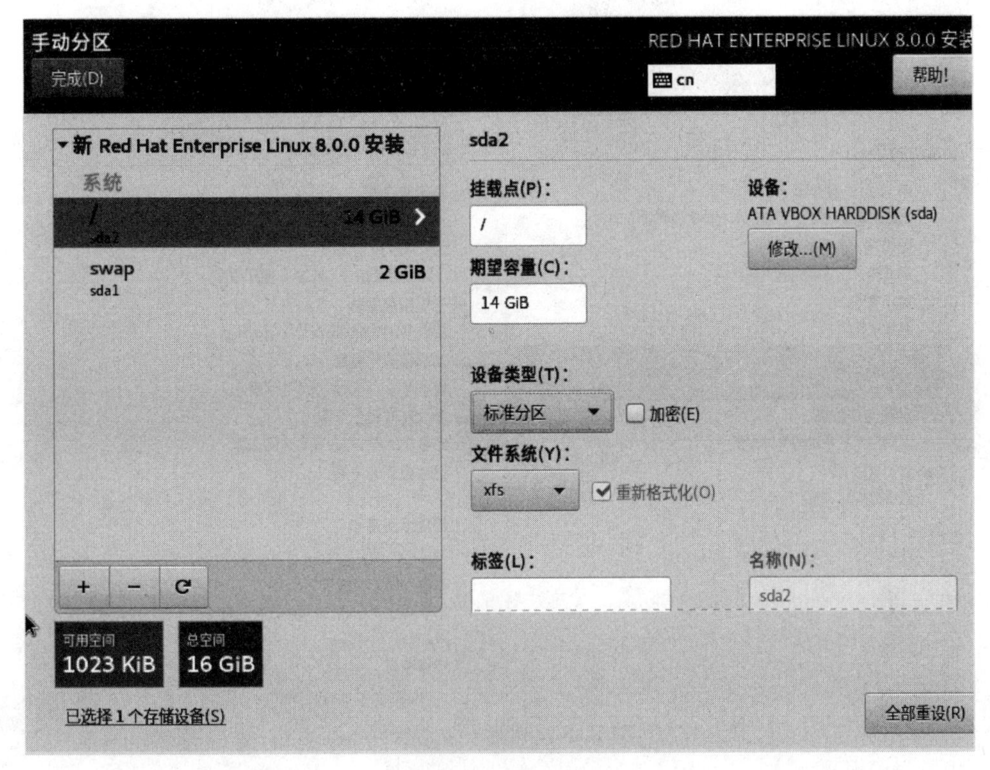

图 B.8　创建两个分区

更改摘要

您的自定义更改将产生以下变更，这些变更将会在您返回到主菜单并开始安装时生效：

顺序	操作	类型	设备	挂载点
1	销毁格式	Unknown	ATA VBOX HARDDISK (sda)	
2	创建格式	分区表 (MSDOS)	ATA VBOX HARDDISK (sda)	
3	创建设备	partition	ATA VBOX HARDDISK 中的 sda1	
4	创建设备	partition	ATA VBOX HARDDISK 中的 sda2	
5	创建格式	xfs	ATA VBOX HARDDISK 中的 sda2	/
6	创建格式	swap	ATA VBOX HARDDISK 中的 sda1	

取消并返回到自定义分区(C)　接受更改(A)

图 B.9　警告

始安装”按钮出现图 B.11 所示的安装界面。

分别单击“根密码”和“创建用户”，设置 root 用户的密码，创建一个普通用户 moodisk。然后单击右下角的“结束配置”。最后单击“重启”，重启之后如果又到了那个安装画面，就把虚拟光盘取出来(参考图 B.1，选择移除虚拟盘)。首次重启后出现图 B.12 所示的界面。

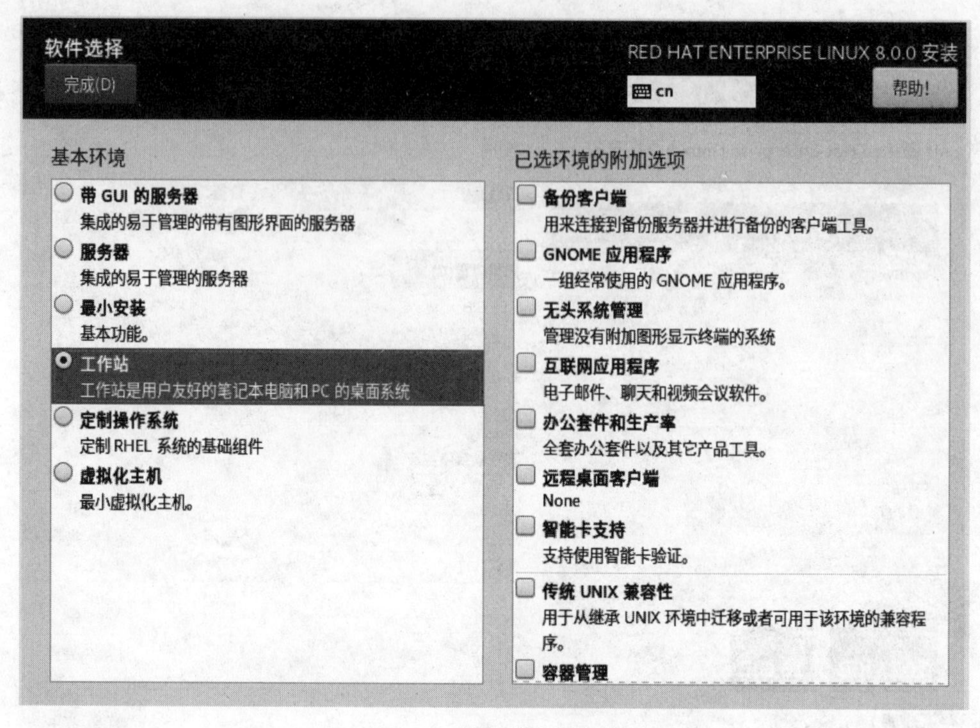

图 B.10　选择安装的软件

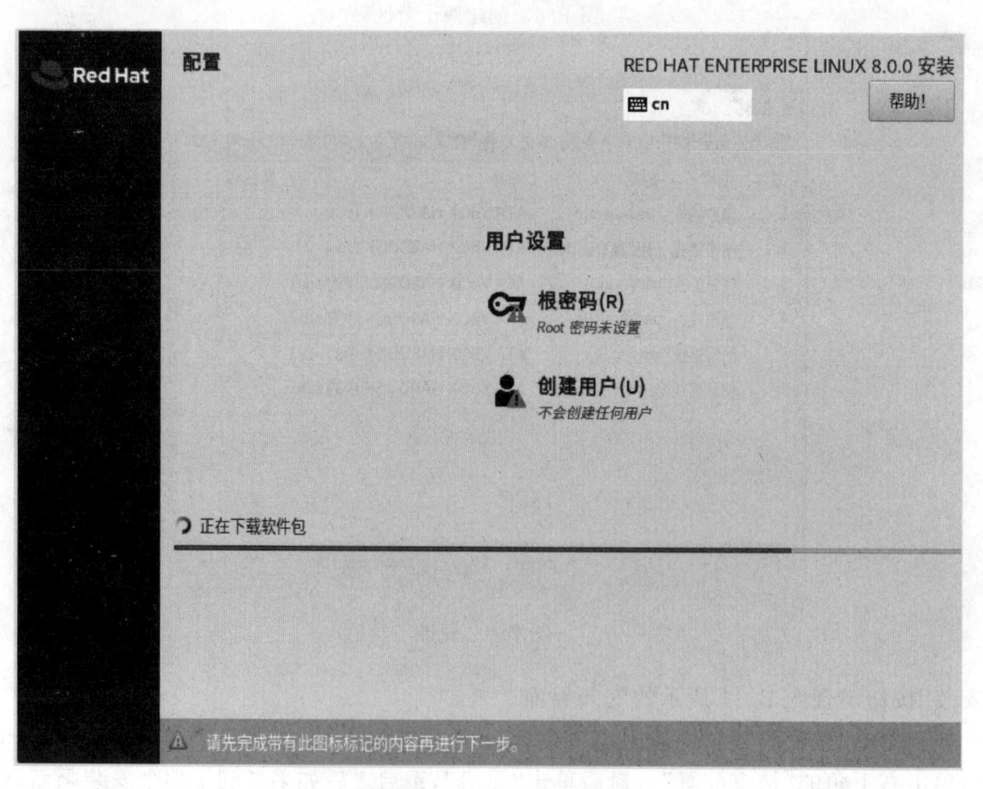

图 B.11　开始安装界面

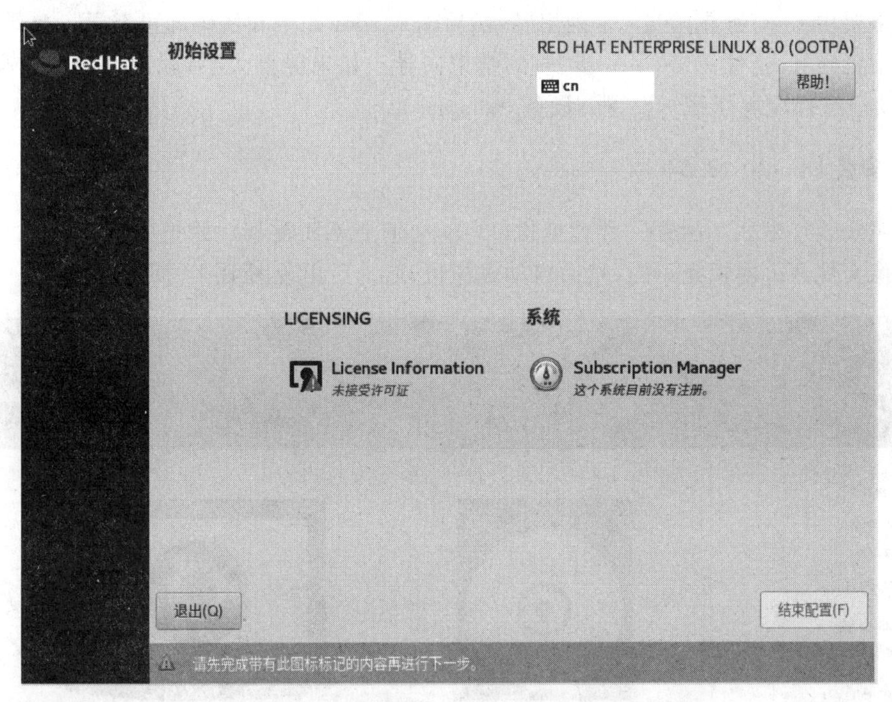

图 B.12 初始设置

单击 License Information，然后在下一个界面上接受许可，单击“完成”按钮之后回到图 B.12 界面，再单击“结束配置”按钮。之后出现图形登录界面，如图 B.13 所示。到此红帽 8.0 安装完毕。

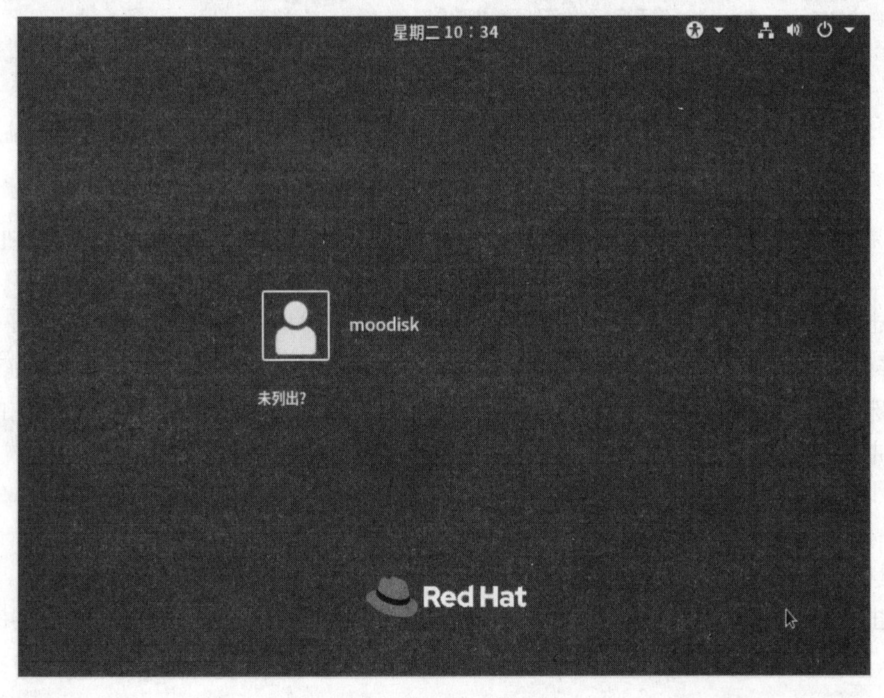

图 B.13 登录界面

如果要用 root 登录,单击“未列出?”,然后输入 root 账号和密码即可登录。登录后有一个简单配置向导,连续单击“下一步”直到结束向导。如果屏幕太小,就把分辨率调高些(菜单:活动→选择应用程序→设置→设备→display)。

2. 安装 Ubuntu 18.04

参照安装红帽 8.0 创建一台虚拟机(2GB 内存、16GB 硬盘),并把 Ubuntu 18.04 系统安装镜像文件放入虚拟光驱内,然后启动虚拟机,启动后出现图 B.14 所示的界面。

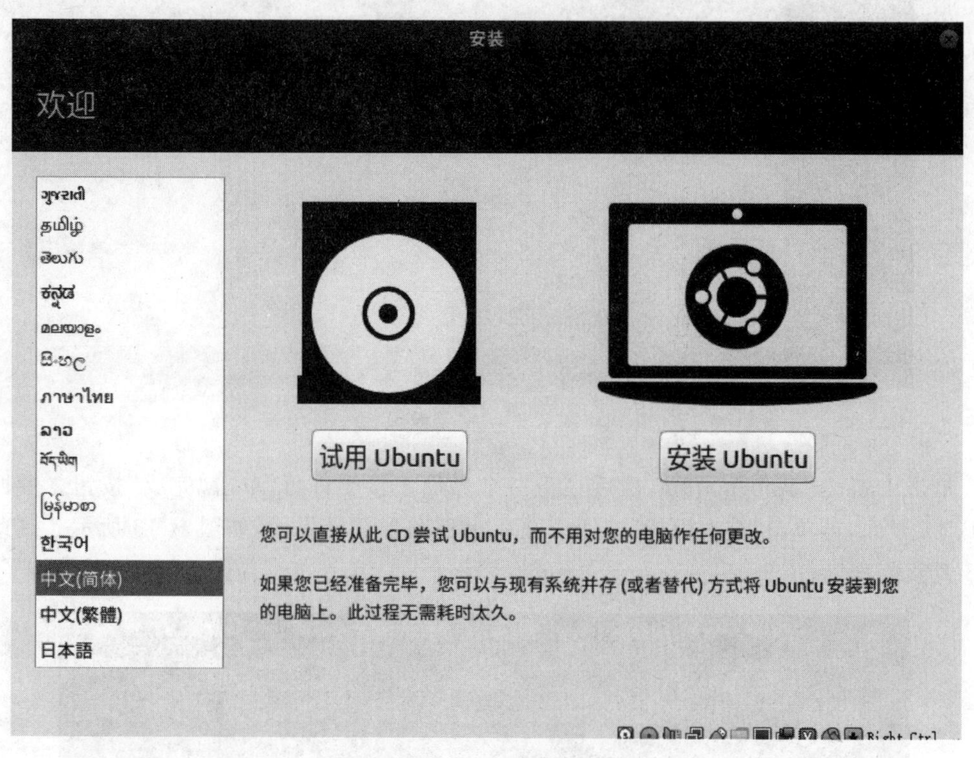

图 B.14 选择语言

如果直接选择“安装 Ubuntu”,那么由于屏幕太小,后面安装的画面上有的按钮就看不到,所以这里先选择“试用 Ubutnu”,调大屏幕分辨率,如图 B.15 所示。

单击▦图标,然后“设置”→“设备”→“显示器”,最后把分辨率调大后按 Alt+A 确认(由于屏幕太小,“确认”按钮被隐藏)。双击桌面上的▣图标开始安装,在后续的画面上如果没有特殊的设置,就直接单击“继续”按钮。直到出现图 B.16,选择“其他选项”进行手工分区。

单击“继续”按钮后出现图 B.17 所示的分区画面,单击“新建分区表”按钮。

选中“空闲”行,然后单击“+”创建一个交换区(如图 B.18(a)所示)和一个根分区(如图 B.18(b)所示)。

分区完毕后看到的分区表如图 B.19 所示。

单击“现在安装”,时区选择为上海(Shanghai),单击“继续”按钮,键盘布局默认即可,单击“继续”按钮,创建一个普通用户(如 wochi),最后单击“继续”按钮开始安装,如图 B.20 所示。

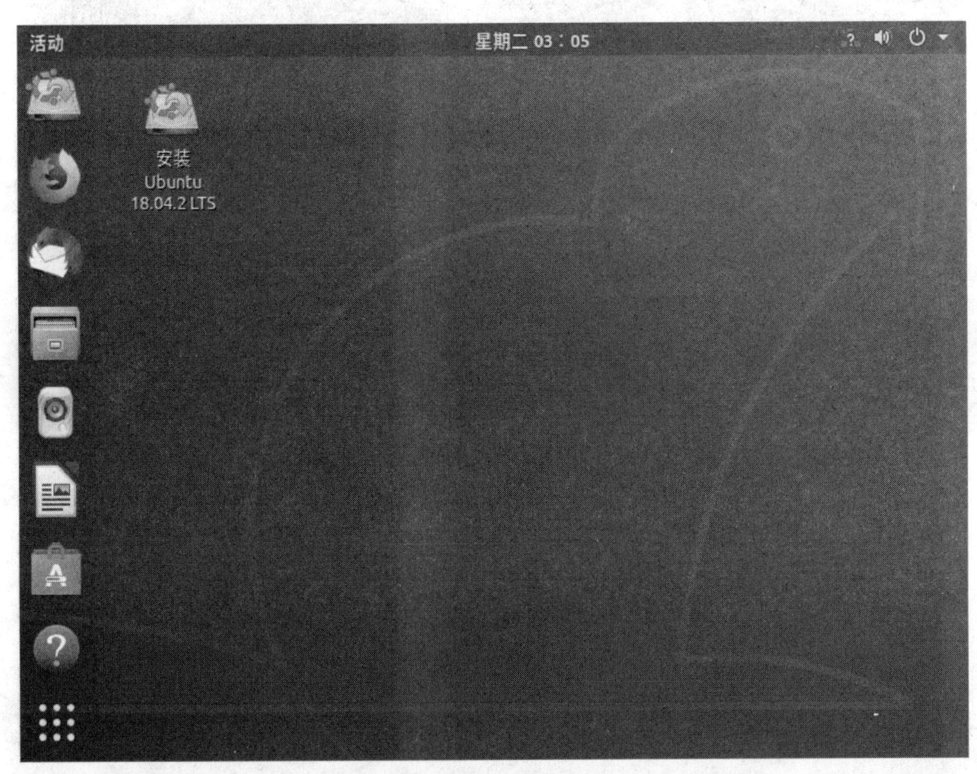

图 B.15　试用 Ubuntu

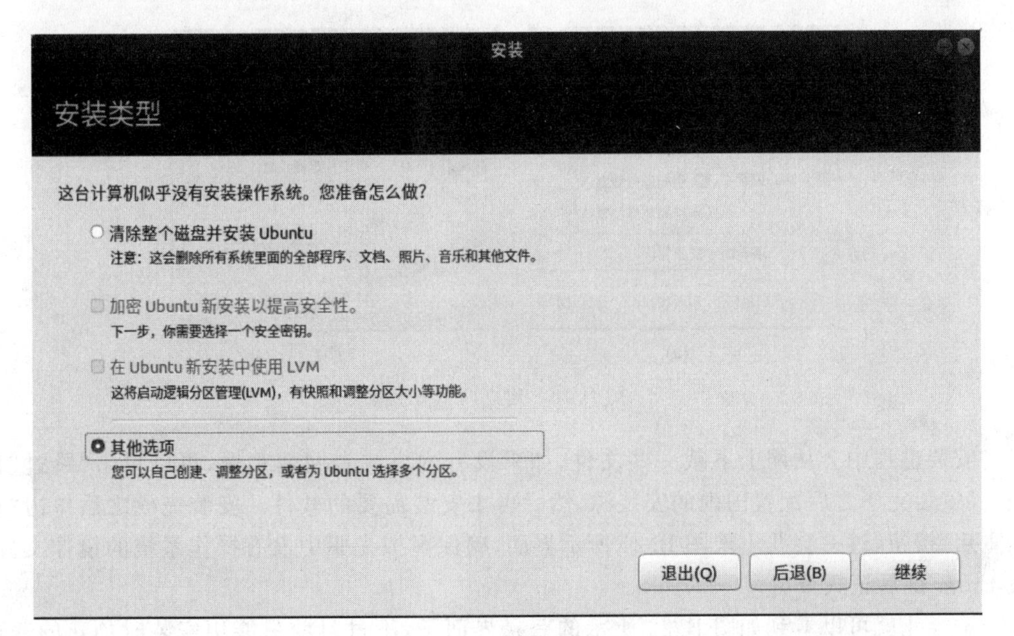

图 B.16　选择分区类型

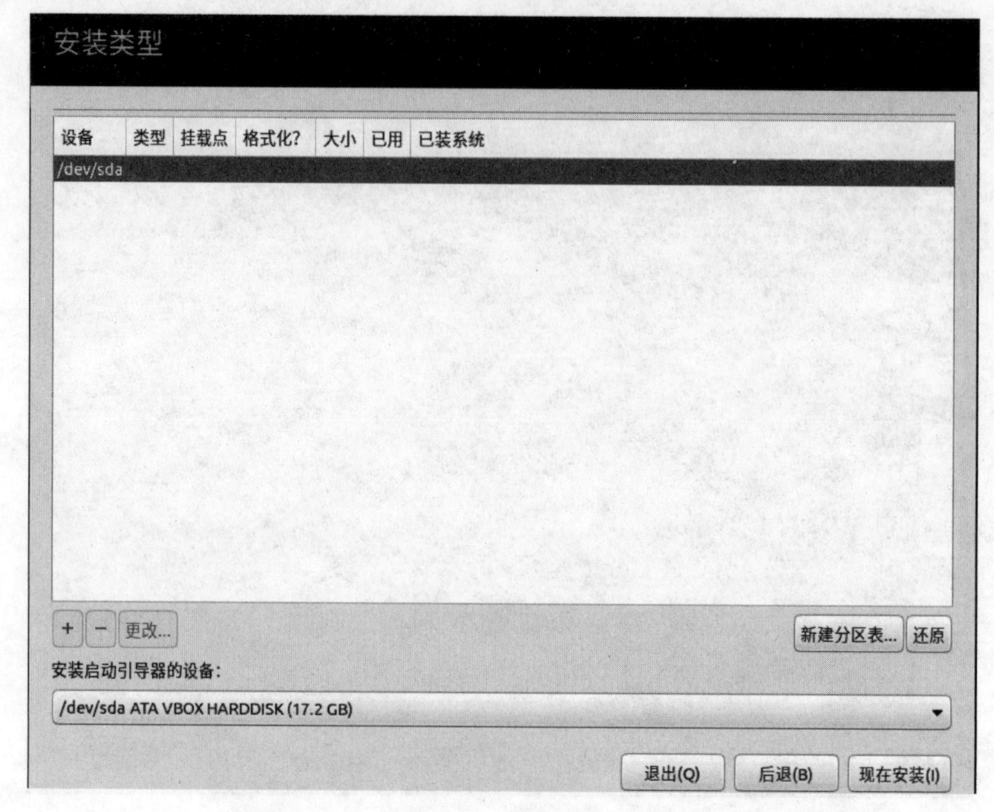

图 B.17 分区界面

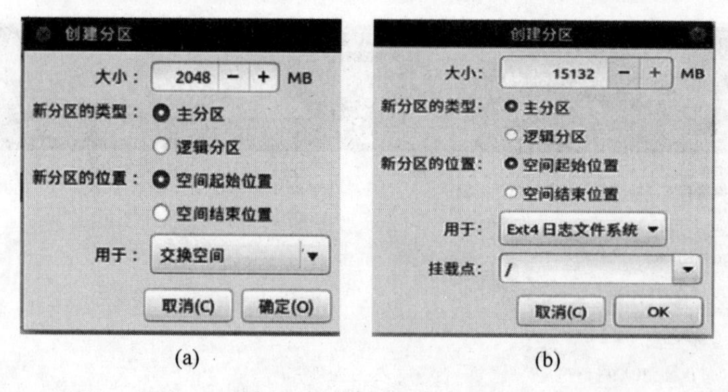

(a) (b)

图 B.18 建立两个分区

安装过程中会从网上下载一些文件,如果没有网络或者网速很慢,可以单击"跳过"按钮,等安装完毕之后配置国内的安装源,然后再来安装需要的软件。安装完成之后单击"现在重启"按钮,过一会儿出现图 B.21 所示界面,确保虚拟光驱中没有操作系统的镜像文件,按 Enter 键后正式重启。

一会儿就可以看到如图 B.22 所示的登录界面了,不过目前只能用安装时创建的普通用户登录。

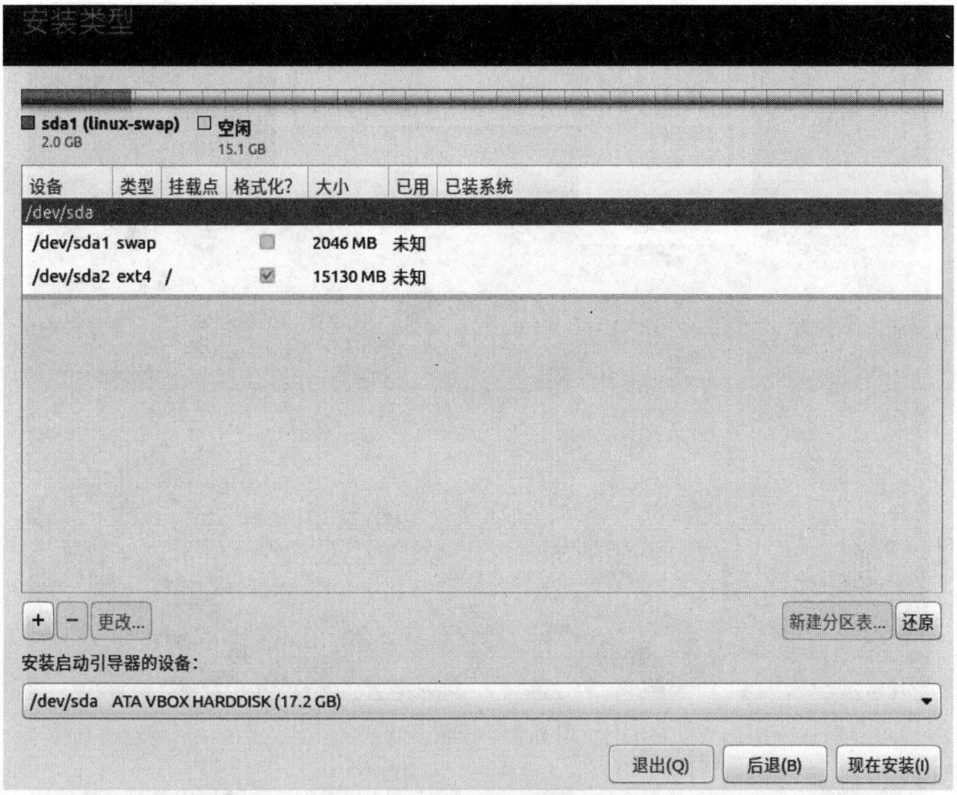

安装类型

sda1 (linux-swap) 2.0 GB　□ 空闲 15.1 GB

设备	类型	挂载点	格式化?	大小	已用	已装系统
/dev/sda						
/dev/sda1	swap		□	2046 MB	未知	
/dev/sda2	ext4	/	☑	15130 MB	未知	

+ − 更改…　新建分区表…　还原

安装启动引导器的设备：

/dev/sda ATA VBOX HARDDISK (17.2 GB)

退出(Q)　后退(B)　现在安装(I)

图 B.19 分区界面

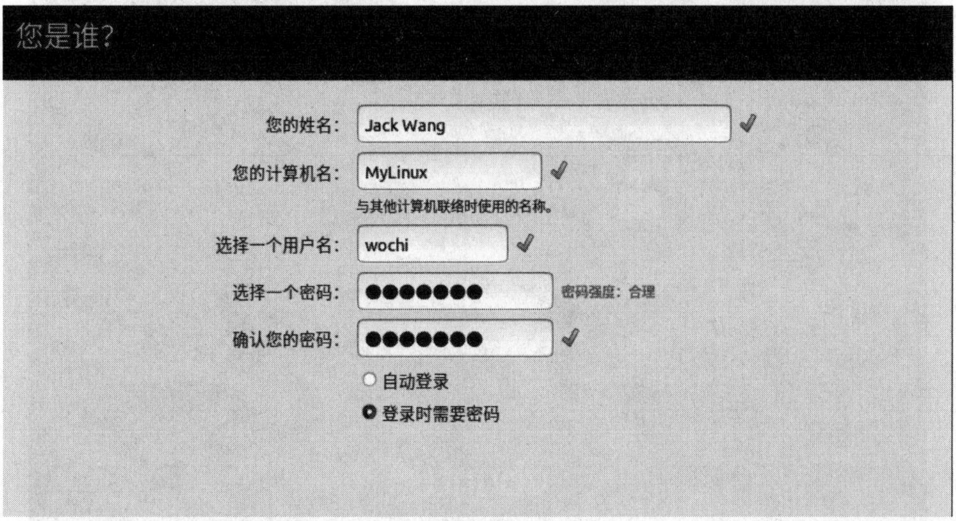

您是谁?

您的姓名：Jack Wang

您的计算机名：MyLinux

与其他计算机联络时使用的名称。

选择一个用户名：wochi

选择一个密码：●●●●●●●　密码强度：合理

确认您的密码：●●●●●●●

○ 自动登录

◉ 登录时需要密码

图 B.20 给计算机取名并创建一个普通用户

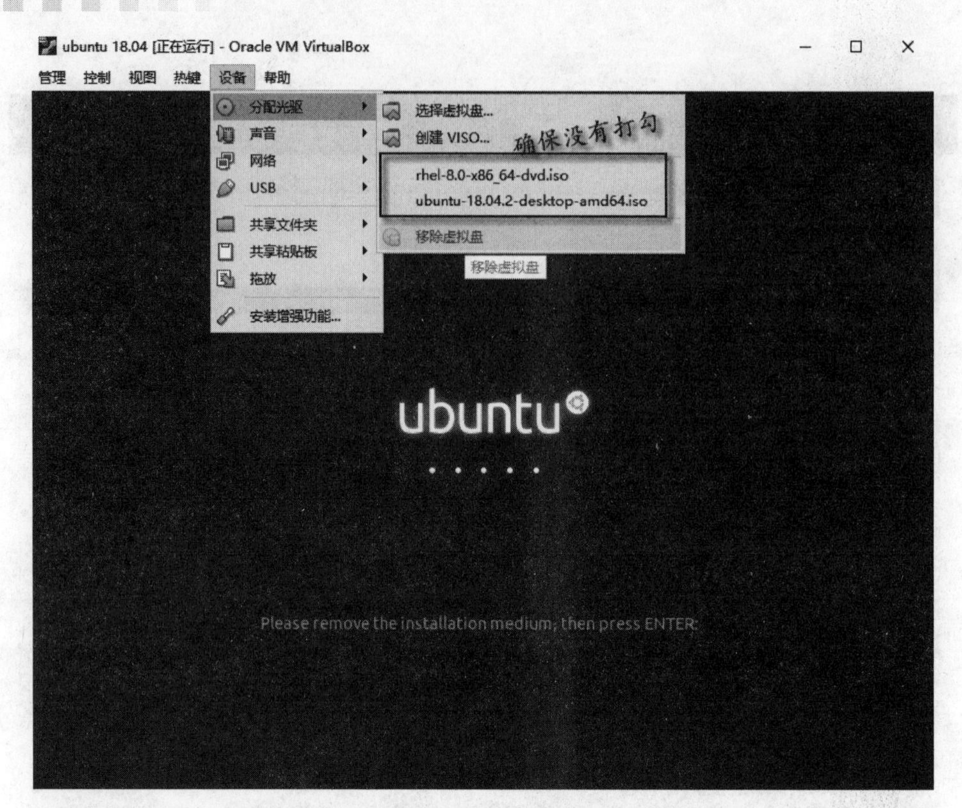

图 B.21 重启系统

图 B.22 登录界面

登录之后首先有一个简单的使用向导，可连续单击“前进”按钮直到完成向导，如图 B.23 所示。

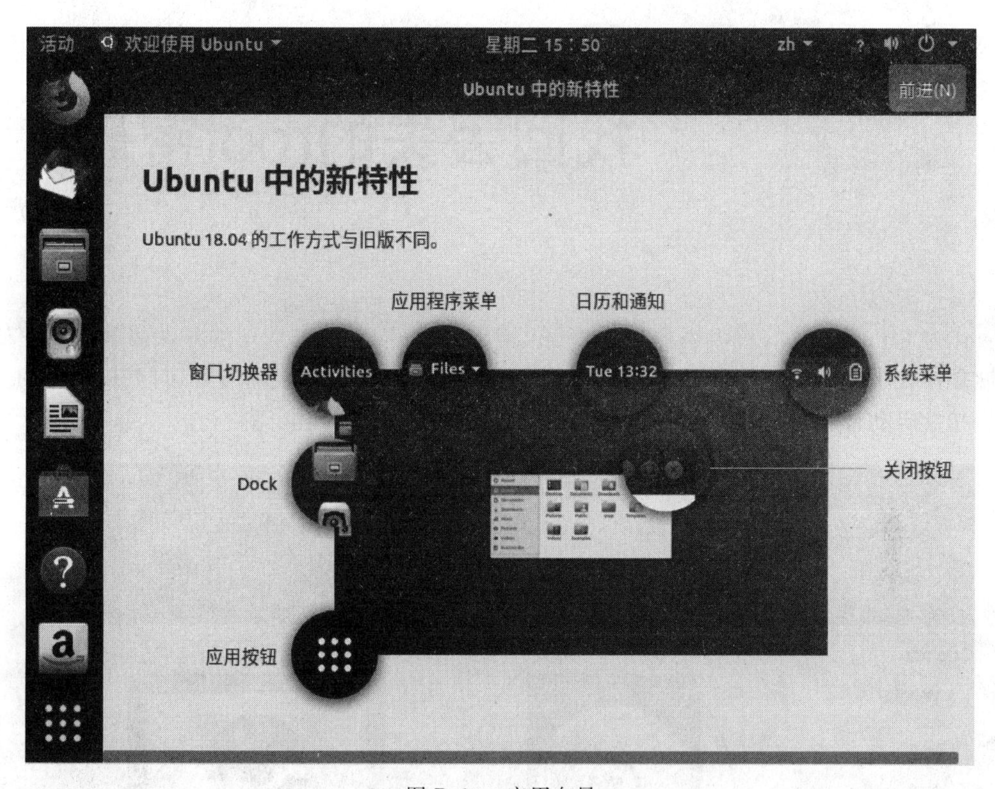

图 B.23 应用向导

如果分辨率太低，就调大一些，单击左下角的应用按钮，然后“设置”→“设备”→“显示”。

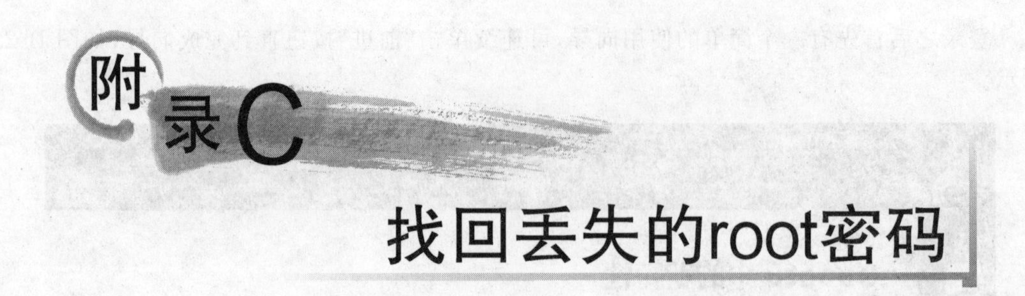

附录C 找回丢失的root密码

作为 Linux 系统的超级用户，如果 root 密码忘记了，不能按常规的办法修改它的密码。不管是什么版本的 Linux 操作系统，都可采用相同的方法来找回密码。用 Ubuntu 18.04 安装光盘启动计算机，当出现图 C.1 所示界面时选择“试用 Ubuntu”。

图 C.1　选择试用 Ubuntu

当启动机器后，右击桌面空白处，然后单击“打开终端”，打开一个终端窗口，最后执行下面的命令：

(1) 切换到超级用户命令行。

```
sudo  -s
```

(2) 把根分区挂载到/mnt 空目录上(这里假设根分区是/dev/sda1 可用命令 fdisk -l /dev/sda 查看分区表，其中用星号标注的就是根分区)。

```
mount  /dev/sda1  /mnt
```

(3) 临时把/mnt 作为根目录执行 Shell。

```
chroot  /mnt
```

(4) 修改 root 密码。

```
passwd  root
```

(5) 退出临时根。

```
exit
```

(6) 卸载根分区并重启计算机。

```
umount  /mnt && reboot
```

附录D 创建用户和组

只有超级用户 root 才有权限创建用户和组，以 root 登录 Linux 图形界面，打开一个终端，通过实操完成表 D.1 中空白部分或者问答题。

表 D.1 创建用户和组练习

序号	命　令	说　明
1	groupadd class1	
2		创建组 class2，组的 ID 号为 1101
3	groupadd -o -g 1101 class3	创建组 class2 的别名，组号一样
4	tail /etc/group	组 class1 的组号是：
5		
6	groupmod -g 1102 class1	
7		修改组 class2 的组名为 grade2
8	useradd -u 1200 -d /home/abc -s /bin/sh -g class1 -G grade2 zsan	新建用户 zsan，用户 ID 是 1200，家目录是/home/abc，登录 Shell 是/bin/sh，归属于主要组群 class1，附件组群 grade2
9		新建用户 lisi，登录 Shell 是/bin/bash
10	useradd -g 1101 -c "wang er" wanger	
11	useradd -G class1,grade2 wlm	
12	useradd user1	
13	useradd -o -u 0 root2	
14	tail /etc/passwd	新建用户的 ID 分别是：
15	id root2	UID= ，GID= ，附加组＝
16	tail /etc/group	组 grade2 里成员用户有：
17	usermod -d /opt/wlm -u 1210 wlm	修改用户 wlm 的家目录为/opt/wlm，用户号为 1210
18		修改 user1 的备注为"Test user"，主要组群为 grade2
19	usermod -l aliasroot root2	
20	passwd zsan	修改用户 zsan 的密码
21		修改用户 wlm 的密码
22	passwd -d user1	删除用户 user1 的密码，这样登录时就不用输密码了
23	passwd -l aliasroot	

续表

序号	命　令	说　明
24		解锁用户 aliasroot
25	切换到其他字符屏幕,并测试分别用账号 zsan、wlm、user1 登录	屏幕切换热键 Ctrl+Alt+F1,F2,F3,…
26	userdel -r user1	删除用户,用户家目录一并删除
27		删除用户 wlm
28	userdel zsan	
29	groupdel class1	删除组 class1。注意:只能删除没有成员的空组
30		删除组 class3
31	groupdel grade2	能成功删除组 grade2 吗?如果不能,原因是什么?如何删除它?

附录E 硬盘分区与格式化

1. 在现有硬盘的未分配区域新建分区

1）fdisk -l

列出计算机里全部的硬盘以及每个硬盘的分区。硬盘参数包括柱面数、磁头数以及每个磁道的扇区数，如图 E.1 所示。

```
[root@localhost ~]# fdisk -l

Disk /dev/sda: 8589 MB, 8589934592 bytes
255 heads, 63 sectors/track, 1044 cylinders
Units = cylinders of 16065 * 512 = 8225280 bytes
Sector size (logical/physical): 512 bytes / 512 bytes
I/O size (minimum/optimal): 512 bytes / 512 bytes
Disk identifier: 0x00044e80

   Device Boot      Start         End      Blocks   Id  System
/dev/sda1   *           1         638     5123711   83  Linux
/dev/sda2             980        1045      524288   82  Linux swap / So
[root@localhost ~]#
```


图 E.1　查看硬盘分区

从上图中可以看出，柱面 639 到柱面 979 是空闲的，没有分配出去，下面在这个空闲区域里面新建分区。

2）

```
fdisk  /dev/sda                          # 对硬盘/dev/sda 进行分区操作
Command (m for help):                     # 等待输入命令，按 m 显示全部可用的命令，常用命令有
                                           p:显示分区表，n:新建分区，d:删除分区，w:存盘，q:退
                                           出 fdisk
Command (m for help):p                   # 查看已有分区表信息(结果参考图 E.1)
Command (m for help):n                   # 开始新建一个分区
Command action
  e   extended                           # 如果输入 e 表示新建一个扩展分区
  p   primary partition (1-4)            # 输入 p 表示新建一个主分区
Partition number (1-4):3                 # 第 1、2 主分区已用，所以建立第 3 个主分区
First cylinder (639-1044, default 639):   # 输入开始柱面号，直接回车取默认值 639
Last cylinder, +cylinders or +size{K,M,G} (639-979, default 979):
                                         # 输入结束柱面号或者分区大小，默认值是 979，直接回车
```

取默认值.如果输入 + 2G 表示分区大小为 2GB

Command (m for help):p　　# 再显示一下分区表信息,发现多了一个

Command (m for help):w　　# 保存分区表信息并退出 fdisk 命令

3) partprobe　　# 通知内核分区表已经改变,如果报错,就重启计算机

4) mkfs.ext4 /dev/sda3　　# 把新建的分区格式化为 ext4 文件系统

5) mount /dev/sda3 /mnt　　# 挂载到/mnt 空目录上,此后操作/mnt 目录就是操作/dev/sda3 分区,例如在里面创建目录、复制文件等

6) umount /mnt　　# 卸载分区

7) df -T　　# 查看已挂载分区的使用情况

8) 如果想每次开机自动挂载,那么操作以下几步:

```
mkdir -p /opt/data
echo"/dev/sda3 /opt/data ext4   defaults   1 1" >>/etc/fstab
```

9) mount -a 或 reboot　　# 然后再用 df -T 命令可以看到已经挂载了

2. 在新硬盘上新建分区

1) 查看新加的硬盘

```
fdisk -l
```

显示结果如图 E.2 所示。

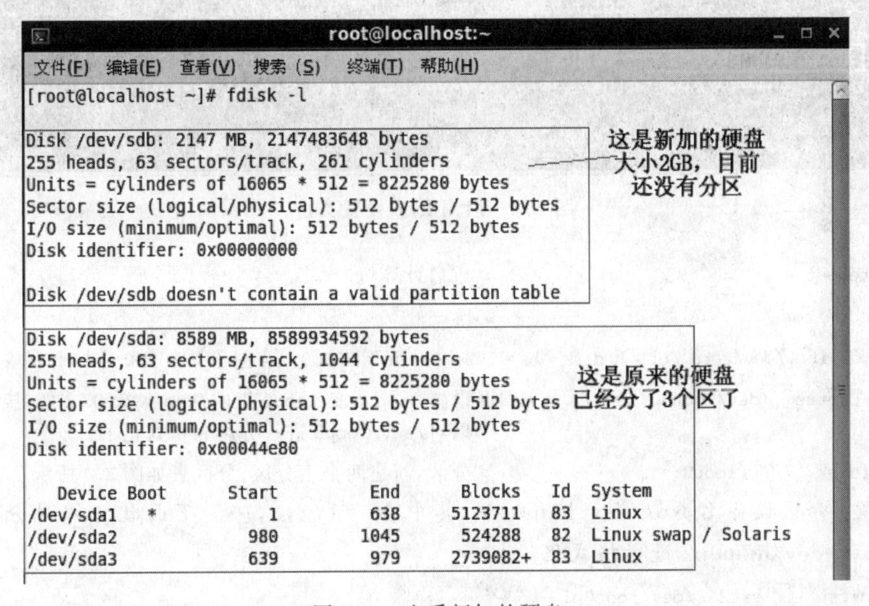

图 E.2 查看新加的硬盘

2) 对/dev/sdb 进行分区

fdisk /dev/sdb

Command (m for help):p　　# 查看分区表信息,结果是空白的

Command (m for help):n　　# 启动新建分区向导。这里创建两个分区

Command (m for help):p　　# 查看分区表信息

```
Device Boot      Start         End      Blocks   Id  System
/dev/sdb1            1         132     1060258+  83  Linux
/dev/sdb2          133         261     1036192+  83  Linux
```

Command (m for help):w　　　　　　　　# 保存分区表信息并退出 fdisk 命令

3) partprobe　　　　　　　　# 通知内核分区表已经改变,如果报错,就重启计算机

然后参照"在现有硬盘的未分配区域新建分区"部分中的第4)和5)步做格式化和挂载操作。

3. 在 loop 存储设备上新建分区

如果计算机硬盘没有空闲空间又不能新增硬盘时,可以采取 loop 存储设备来做分区实验。

1) Vim /boot/grub/menu.lst　　　　# 在 kernel 这行的末尾增加 loop.max_part = 8,如图 E.3 所示

图 E.3　启用 loop 设置支持

2) reboot　　　　　　　　# 重启计算机

3) cd /tmp

4) dd if = /dev/zero of = h_disk bs = 1024 count = 50000　# 创建一个全 0 且 50MB 的文件 h_disk

5) losetup /dev/loop0 /tmp/h_disk　# 设置 loop 设备 loop0 指向/tmp/h_disk 文件,接下来就可以对/dev/loop0 进行分区和格式化了

6) fdisk /dev/loop0　　　　# 分区,新建两个主分区,分区表如图 E.4 所示

注意:分区设备名类似/dev/loop0pN,其中 $N=1,2,3,\cdots$。下面就可以对分区/dev/loop0p1 和/dev/loop0p2 进行格式化。

7) mkfs -t ext2 /dev/loop0p1

8) mkfs.ext3 /dev/loop0p2

9) mkdir /tmp/{a,b}

10) mount /dev/loop0p1 /tmp/a

11) mount /dev/loop0p2 /tmp/b

此后对目录/tmp/a 和/tmp/b 的操作就是对新建分区的操作,使用完了就可以卸载它们。

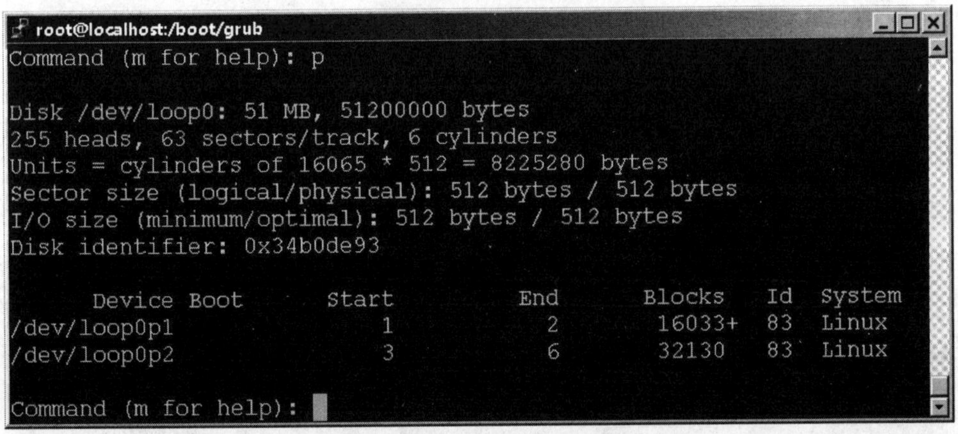

```
root@localhost:/boot/grub
Command (m for help): p

Disk /dev/loop0: 51 MB, 51200000 bytes
255 heads, 63 sectors/track, 6 cylinders
Units = cylinders of 16065 * 512 = 8225280 bytes
Sector size (logical/physical): 512 bytes / 512 bytes
I/O size (minimum/optimal): 512 bytes / 512 bytes
Disk identifier: 0x34b0de93

      Device Boot      Start         End      Blocks   Id  System
/dev/loop0p1               1           2       16033+  83  Linux
/dev/loop0p2               3           6       32130   83  Linux

Command (m for help):
```

图 E.4 loop 设备上的两个分区

注意：当硬盘容量超过 2TB 时，就要采用 parted、gdisk、gparted 命令了。

附录F 常用命令用法

在表 F.1 中的空白处写上答案。

表 F.1　常用命令练习

序号	命　令	说　明
1	shutdown -h now	
2	exit	
3		重启计算机
4	telinit 1	
5		显示全部历史命令
6	history -c	
7		修改组 class2 的组名为 grade2
8	alias l='ls -la'	
9		显示全部的别名
10		定义 man 的别名 woman
11	unalias l	
12	echo "Hello World!"	
13	echo $?	
14		获取 sleep 命令的帮助信息
15	help bg	
16		定义用户环境变量 HISTSIZE＝5000
17	echo "export OK=1" >>~/.bashrc	
18	unset OK	
19		显示全部的用户环境变量
20	. ~/.bashrc	
21	date	
22		设置系统时间为 2011 年 7 月 17 日 14:40
23	cal	
24		显示当年整年的日历
25	uname -a	
26		显示已挂载硬盘分区的使用率
27	hostname	
28	du -sh /usr	
29		查看目录/boot 占用磁盘的大小
30	cd /usr/share	

续表

序号	命　令	说　明
31	cd ../../etc/init.d	
32	cd、cd $HOME、cd ～	
33	ls -la /boot	
34		列出家目录下的全部文件(包括隐藏文件)
35	ls -R /	
36		进入目录/tmp
37	mkdir abc	
38		创建目录123
39	mkdir -p a/b/c 1/2/3	
40	cp /etc/profile abc/	
41	ln -s abc/profile 123/linkfile	创建符号链接文件123/linkfile,指向abc/profile
42		创建硬链接/tmp/file,指向/etc/profile
43	cd a/b && touch newfile	
44	cd -	
45	cd 1/2/3 && ls -l / >filelist.txt	
46		强行删除目录/tmp/下的子目录123
47	more /etc/passwd	
48		查看文件/etc/profile的后8行
49	head -15 /etc/profile	
50	cat $HOME/.bashrc	
51	chmod 643 /tmp/1/2/3/filelist.txt	
52		把文件/tmp/1/2/3/filelist.txt属组改为fuse
53	chown -R nobody /tmp/abc	
54	mv /tmp/{abc, cba}	
55	find /tmp -name new*	
56	find /etc -name *.conf -exec touch 201107110800 '{}' \;	递归查找/etc目录下文件名以.conf为后缀的文件,并修改这些文件的修改日期为201107110800
57		递归查找/etc目录下文件名以conf结尾的文件
58	grep -R boot /tmp/*	递归查找/tmp目录下包含boot的文件中的行
59		递归查找/etc/sshd目录下包含UsePAM的文件中的行
60	ls / | tee /tmp/file.txt	
61	cd /usr/doc && echo "ok" || echo "no such directory"	
62	cat /etc/passwd | awk-F: '{print $1}' | sort | wc -l	对于这样的命令,建议先看cat /etc/passwd的输出结果,然后再看cat /etc/passwd | awk -F: '{print $1}'的结果,接着再看cat /etc/passwd | awk -F: '{print $1}' | sort的结果,最后看整个命令的输出结果
63	grep bash /etc/passwd | wc -l	
64	find . | xargs -i -t sed -i 's|women|men|g'{}	

续表

<table>
<tr><th>序号</th><th>命　令</th><th>说　明</th></tr>
<tr><td>65</td><td>tar -cjf /tmp/etc.tar.bz2
/etc/init.d &</td><td></td></tr>
<tr><td>66</td><td></td><td>解压解包/tmp/etc.tar.bz2 到当前目录下</td></tr>
<tr><td>67</td><td>ps axjf</td><td></td></tr>
<tr><td>68</td><td>ps -ef</td><td></td></tr>
<tr><td>69</td><td>pstree</td><td></td></tr>
<tr><td>70</td><td></td><td>把进程号 1234 强行杀掉</td></tr>
<tr><td>71</td><td>kill -l</td><td></td></tr>
<tr><td>72</td><td>ifconfig</td><td></td></tr>
<tr><td>73</td><td>ifconfig ens33</td><td></td></tr>
<tr><td>74</td><td>ethtool ens33</td><td></td></tr>
<tr><td>75</td><td>route</td><td></td></tr>
<tr><td>76</td><td>ping www.veryopen.org</td><td></td></tr>
<tr><td>77</td><td>netstat -tnlp</td><td></td></tr>
<tr><td>78</td><td>netstat -unlp</td><td></td></tr>
<tr><td>79</td><td>service sshd restart</td><td></td></tr>
<tr><td>80</td><td>wget http://down.qq.com/qqweb/
Linuxqq-1/linuxqq_2.0.0-b2-1082_
x86_64.rpm</td><td>对于红帽 8.0</td></tr>
<tr><td>81</td><td>wget http://down.qq.com/qqweb/
Linuxqq-1/linuxqq_2.0.0-b2-1082_
amd64.deb</td><td>对于 Ubuntu 18.04</td></tr>
<tr><td>82</td><td></td><td>关闭 crond 服务</td></tr>
<tr><td>83</td><td></td><td>用 bc 命令计算 123×(1234−432)%11 的值</td></tr>
<tr><td>84</td><td>cat > abc.txt << EOF
What's your name?
I'm wlm
Oh,long time no seee, how've you been
I am fine,many thanks
EOF</td><td></td></tr>
<tr><td>85</td><td>passwd wochi << PAS
A1b2C3
A1b2C3
PAS</td><td>修改 wochi 的密码为 A1b2C3</td></tr>
<tr><td>86</td><td>对于红帽 8.0</td><td>软件包管理</td></tr>
<tr><td>87</td><td>rpm -qa | more</td><td></td></tr>
<tr><td>88</td><td>rpm -qa | grep boost</td><td></td></tr>
<tr><td>89</td><td>rpm -ql acl</td><td></td></tr>
<tr><td>90</td><td>rpm -qpl linuxqq_2.0.0-b2-1082_x86
_64.rpm</td><td></td></tr>
<tr><td>91</td><td>rpm -ivh linuxqq_2.0.0-b2-1082_x86
_64.rpm</td><td></td></tr>
<tr><td>92</td><td>rpm -e linuxqq</td><td></td></tr>
<tr><td>93</td><td></td><td>查看已安装包 filesystem 所包含的文件</td></tr>
</table>

续表

序号	命 令	说 明
94	yum search mutt	
95	yum install mutt	
96	dnf group list	
97	dnf group install ' Development Tools'	
98	dnf group remove 'Development Tools'	
99	对于 Ubuntu 18.04	软件包管理
100	dpkg -l | more	
101	dpkg -l | grep opennssh	
102	dpkg -l openssh*	
103	dpkg -L openssh-server	
104	dpkg -i linuxqq_2.0.0-b2-1082_amd64.deb	
105	apt-cache search tftp	
106	apt install tftp tftpd	
107	apt remove tftp	
108	tasksel --list	
109	tasksel install tomcat-server	
110	tasksel remove tomcat-server	
111	对于红帽 8.0	编译 openssh 源码
112	yum install gcc yum install openssl-devel yum install pam-devel yum install rpm-build wget http://ftp5.usa.openbsd.org/pub/OpenBSD/OpenSSH/portable/openssh-6.6p1.tar.gz cp openssh-6.6p1.tar.gz /usr/src/redhat/SOURCES/ cd /usr/src/redhat/SPECS/ perl -i.bak -pe 's/^(%define no_(gnome|x11)_askpass)\s+0$/$1 1/' openssh.spec rpmbuild -bb openssh.spec cd /usr/src/redhat/RPMS/\`uname -i\` rpm -Uvh openssh*rpm	
113	对于 Ubuntu 18.04	编译 openssh 源码
114	apt install dpkg-dev apt-get build-dep openssh-server apt-get source openssh-server cd openssh-6.6p1 dpkg-buildpackage -rfakeroot cd .. && dpkg -i *.deb	

练习：用 root 用户登录→切换到/tmp 目录→在当前目录下一次性创建两层目录 abc/123→进入目录 abc→列出根目录下文件并输出到文件 rootfs. txt→把 rootfs. txt 的权限改为 rw-r-x-w-，主人改为 man，属组改为 woman→再进入目录/tmp/abc/123，创建一个符号链接文件 links. txt，指向父目录中的 rootfs. txt。

附录G Vi/Vim

（1）练习 6.2.2 节的 Vim 基本操作。

（2）编辑文件/tmp/practice.txt，参见表 G.1。

表 G.1　Vim 练习

行号	操作描述	Vim 命令
1	输入如下内容： I'm happy that you're my teacher; I enjoy each lesson you teach. As my role model you inspire me To dream and to work and to reach. With your kindness you get my attention; Every day you are planting a seed Of curiosity and motivation To know and to grow and succeed. You help me fulfill my potential; I'm thankful for all that you've done. I admire you each day, and I just want to say, As a teacher, you're number one!	
2	退出插入模式，回到命令模式，显示行号	
3	光标键快速跳到行首第一个字符处	
4	采用光标移动键 HJKL 把光标移到第 8 行第 11 个字符处	
5	删除光标处的两个字符	
6	光标快速跳到文件末尾	
7	新增一行，内容是：------ Written by WLM	
8	在文章开头新增一行：　　MY TEACHER	
9	在第 8 行末尾增加一个逗号和空格，然后把第 9 行合并到第 8 行的末尾	
10	删除第 3 行	
11	把第 6 行复制到第 8 行下面	
12	把 11、12 行剪贴到命名寄存器 a 中	
13	将 2～6 行复制到命名寄存器 b 中	
14	把命名寄存器 a 中的内容复制到文件末尾	

续表

行号	操作描述	Vim 命令
15	把命令寄存器 b 中的内容复制到文件的开头	
16	搜索 kindness 关键字，并查找下一个	
17	把全部的 attention 替换为 OK	
18	一次性删除 1～5 行	
19	把第 13 行剪贴到文件尾	
20	最终文件内容如下： MY TEACHER I'm happy that you're my teacher; As my role model you inspire me To dream and to work and to reach. With your kindness you get my OK; Every day you are planting a seed Of curiosi and motivation To know and to grow and succeed. With your kindness you get my OK; I admire you each day, and I just want to say, As a teacher, you're number one! You help me fulfill my potential; I'm thankful for all that you've done. ----- Written by WLM	
21	存盘退出	

Bash编程

在表 H.1 中的空白处写上答案。

表 H.1 Bash 编程练习

行号	Bash 程序代码	解　　释
1	#!/bin/bash	
2	cd /tmp	
3	for file in *	
4	do	
5	echo "Backuping $file …"	
6	cp -rf $file ${file}.old	
7	sleep 2	
8	done	
9	echo "All done"	
1	if test -d /usr/local/123	
2	then	
3	cd /usr/local/123	
4	elif [-f /usr/local/123]; then	
5	rm /usr/local/132	
6	fi	
		编写一个 Shell 程序，显示如下菜单并完成相应功能： 1）重启计算机 2）关机 3）显示系统日期 4）修改系统日期 5）退出 请选择：